Deployment Scheme and Design of
Internet Protocol Version 6

互联网协议第六版（IPv6）
部署方案及设计

陈佳阳 王林蕾 黄洋 陈旻 李劲◎编著

U0377753

人民邮电出版社
北京

图书在版编目（CIP）数据

互联网协议第六版（IPv6）部署方案及设计 / 陈佳
阳等编著. -- 北京 ：人民邮电出版社，2020.10
ISBN 978-7-115-54205-2

Ⅰ．①互… Ⅱ．①陈… Ⅲ．①计算机网络—传输控制
协议 Ⅳ．①TN915.04

中国版本图书馆CIP数据核字(2020)第098096号

内 容 提 要

本书首先给出了 IPv6 的概念及技术演进历程，介绍了我国推进互联网协议第六版（IPv6）规模部署的
重要政策文件。接下来的章节介绍了 IPv6 协议及技术特点，明确了我国 IPv6 演进的过程中正处于 IPv4 和
IPv6 共存的过渡阶段，分析了过渡阶段的主要技术、适用场景和选择模式。随后根据《推进互联网协议第
六版（IPv6）规模部署行动计划》提出的要求和目标，对运营商、中央企业和政府部门如何推进 IPv6 的规
模部署及演进提供了详细的解决方案，从技术原理、实施步骤、演进策略和重点环节等多维度进行分析，
对于实际的 IPv6 改造工程具有重要的指导意义。最后结合目前新兴的工业互联网技术探讨了 IPv6 在工业
互联网领域的融合和应用。

本书适合通信网络从业人员阅读，也可作为政府、企业信息化及网络工程技术人员和管理人员、电信
运营商相关人员的参考书。

◆ 编　著　陈佳阳　王林蕾　黄　洋　陈　旻　李　劲
　　责任编辑　李　强
　　责任印制　彭志环
◆ 人民邮电出版社出版发行　　北京市丰台区成寿寺路 11 号
　　邮编　100164　电子邮件　315@ptpress.com.cn
　　网址　https://www.ptpress.com.cn
　　北京市艺辉印刷有限公司印刷
◆ 开本：787×1092　1/16
　　印张：15.25　　　　　　　　　2020 年 10 月第 1 版
　　字数：228 千字　　　　　　　 2020 年 10 月北京第 1 次印刷

定价：89.00 元
读者服务热线：(010)81055493　印装质量热线：(010)81055316
反盗版热线：(010)81055315
广告经营许可证：京东市监广登字 20170147 号

前言
PREFACE

随着《推进互联网协议第六版（IPv6）规模部署行动计划》的发布，各级政府、企业及运营商对于自身门户网络、应用系统及基础网络的 IPv6 改造需求日益旺盛，同时，中国正在积极推行的"新基建"布局中涉及的 5G、物联网、工业互联网技术应用都与 IPv6 的发展息息相关。与之相适应，涉及下一代互联网 IPv6 相关的技术和学术研究也非常活跃，出版了大量的图书和发表了相关文章，为业内专业人士提供了很大的便利。然而，政府、企业及运营商在面临实际的 IPv6 技术改造时，如何结合自身的信息化业务特点及基础网络的现状，选择合理的 IPv6 演进步骤及相关技术手段，仍然还有许多问题有待探讨。作者根据多年从事运营商与政企信息化建设及基础通信网络规划、设计工作的经验总结和体会，融合近年来所承担的科技项目的有关成果，参考了相关通信科研单位和设备供应商的技术解决方案编写了本书。本书可以为通信从业人员、政府及企业从事信息化建设的相关人员提供较为整体全面的 IPv6 改造指导和专业的技术方案参考。

本书具有一定的理论性、实用性、系统性和导向性，在介绍了 IPv6 基础原理后，指出在中国 IPv6 技术演进的过程中必将经历 IPv4 和 IPv6 共存的过渡时期，通过密切结合运营商、政府及企业的信息化应用、基础网络现状、信息化应用访问流程、改造成本等方面，提出了各场景下的 IPv6 演进策略。同时，书中重点介绍了目前主流的 IPv6 过渡期技术的实现方式，综合考虑业务端到端模型架构、改造成本、后期平滑演进等诸多因素，提供最佳 IPv6 过渡技术选择及部署方案，为运营商、政府及企业在进行 IPv6 改造时提供参考和可操作的方法。

本书由湖北邮电规划设计有限公司陈佳阳、王林蕾、李劲，湖北省应急管理厅科技和信息化处黄洋、陈旻共同编写。其中，陈佳阳组织策划并负责第 1 章和第 2 章的编写；王林蕾负责第 4 章的编写；黄洋负责第 3 章和第 6 章的编写；陈旻负责第 5 章的编写；李劲负责第 7 章的编写。闻琛阳、陈功、陈起凤、袁梓溢也参与了本书的编写和整理工作。

在本书的撰写过程中，湖北邮电规划设计有限公司的孙文胜总经理、王庆总工程师和邓晓宇院长给予了热切关心和悉心指导，对本书内容的组织和写作方向提供了极有价值的指导和建议。

感谢所有对本书撰写和出版给予过关心、支持和帮助的人。

由于作者学识有限，书中存在不当之处，敬请读者不吝赐教。

作者

2020 年 5 月于武汉

目 录
CONTENTS

第 1 章

01

概述

2017 年 11 月 26 日，中共中央办公厅、国务院办公厅联合印发《推进互联网协议第六版（IPv6）规模部署行动计划》（以下简称《行动计划》），提出用 5 到 10 年时间，形成下一代互联网自主技术体系和产业生态，建成全球最大规模的 IPv6 商业应用网络，实现下一代互联网在经济社会各领域深度融合应用，成为全球下一代互联网发展的重要主导力量。一经发文，各省、市政府和各部委陆续发布相关落实行动计划的实施方案，将 IPv6 再一次拉回人们的视野。自从 IPv6 于 1992 年第一次提出以来已经经过了几十年的发展，上一次中国大规模推进 IPv6 的部署工作是在 2012 年，当时由国家发展改革委、工业和信息化部、教育部、科学技术部、中国科学院、中国工程院、国家自然科学基金会研究制定了《关于下一代互联网"十二五"发展建设的意见》，之后数年 IPv6 技术主要在教育网、运营商开始启用。然后由于在实际推广过程中技术和产品并未十分成熟，同时运营商在 IP 网络中逐步启动网络地址转换（Network Address Translation，NAT）技术来缓解 IPv4 地址逐渐枯竭带来的压力，在随后的几年，中国 IPv6 的推广进展相对缓慢。直到近年来随着移动互联网、物联网、工业互联网等新兴技术突飞猛进的发展，对地址的需求从原来人与人的通信延伸到人与物乃至物与物的通信，传统 IPv4 地址的数量有限、溯源、安全等问题再一次成为制约技术发展的瓶颈，因此从国家层面再一次提出了推进 IPv6 规模部署的战略。

| 1.1　IPv6 的概念 |

互联网协议第六版（Internet Protocol Version 6，IPv6）是互联网工程任务组（IETF）设计的用于替代 IPv4 的下一代 IP。这里要说明什么是 IPv6，需要先了解 IP 地址的概念，所谓 IP 地址就是指在一个 IP 网络上所有的设备都拥有的一个独一无二的地址，其实网络通信的原理在宏观上和我们传统的邮递方式一致，邮递员从 A 市的甲拿到信件货物，然后送到 B 市的乙，在这个过程中如何保证邮递员可以跋山涉水准确地送到乙呢，靠的是邮件上注明的收件人地址（××省××市××区

××街道××小区××楼××号），同样的道理，在网络中 A 终端要给 B 终端发条 IP 信息，网络中的各节点路由器设备在接收到 IP 信息的时候怎么知道 B 终端的位置呢，依据的就是在网络中 B 设备的 IP 地址，每个 IP 信息包都必须包含有目的设备的 IP 地址，信息包才可以准确地送到目的地。在同一个 IP 网络中，可以分配多个 IP 地址给同一个网络设备，但是同一个 IP 地址却不能重复分配给两个或两个以上的网络设备。现阶段我们正在应用的主流网络互联协议是 20 世纪 70 年代创立的一种名为 IPv4 的 32 位地址，IPv4 是通过编码的方式用 32 位二进制数来表示网络中不同的主机，理论上可标识的主机数达到 $2^{32}-1$ 个（不包括虚拟子网），总数量约为 43 亿个，然后随着移动互联网、物联网近年来的迅猛发展，网络终端数量呈爆炸式增长，突然发现原来 IPv4 的地址数量变得紧张起来。在这种背景下，IPv6 协议应运而生，IPv6 的地址长度在 IPv4 的 32 位基础上增加到 128 位，是 IPv4 地址长度的 4 倍，采用十六进制表示。IPv6 可以支持的地址数量为 2^{128} 个，具体的数量为 340 282 366 920 938 463 463 374 607 431 768 211 456 个，最通俗易懂的说法是，IPv6 的地址数量号称可以为全世界的每一粒沙子编上一个地址。

| 1.2　IPv6 出现的必然性 |

首先，IP 地址代表了一种有限的资源，因此 IPv6 出现的根本原因是 IPv4 地址资源的枯竭。在 IPv4 中，32 位的地址结构大约提供了 43 亿个地址，其中有 12% 的 D 类和 E 类地址不能作为全球唯一的单播地址被分配使用，还有 2% 是不能使用的特殊地址。截至 2007 年 4 月，整个 IPv4 地址空间还剩余 18% 没有被 IANA 所分配；到 2009 年 11 月，只剩余 6% 没有被分配；2012 年顶级 IPv4 地址耗尽；2019 年 11 月 25 日欧洲网络信息中心从可用池进行最后的 /22 IPv4 分配，表示区域性 IPv4 地址库存也已耗尽，全球约 43 亿个 IP 地址都已分配完毕，意味着没有更多的 IPv4 地址可分配给互联网服务提供商和其他大型网络基础设施提供商。

在早期的 IPv4 的制定过程中，由于未充分考虑网络中主机数量的规模增长，导致了本身存在网络地址资源浪费的问题。采用 A、B、C 这 3 类编码方式后，虽然从管理上获取了一定的便利，但是无形中造成了上千万地址的浪费，特别是 B 类地址，对于大多数机构来说，一个 B 类网络可供标识地址为 65 534 个，太大了，然后当机构内主机数量大于 254 的时候，采用一个 C 类地址（254 个地址）无法满足需求，采用多个 C 类地址又会因为路由选择表的增加导致网络整体性能下降，在这种情况下，依旧选择 B 类地址就会浪费大约 6 万个地址。同时，在国际上 IPv4 地址分配及使用极不均衡，美国的一些大学和公司占用了大量的 IP 地址，例如，MIT、IBM 和 AT&T 分别占用了 1600 多万个、1700 多万个和 1900 多万个 IP 地址。总体上，美国以不足世界人口总数的 5%，掌握了全球总数 40% 的地址资源，其中很大一部分被闲置了。但是中国、日本及欧洲很多互联网发展迅速的国家，由于分配的 IP 地址有限，导致互联网地址的耗尽和路由表的暴涨。

虽然目前的 IPv4 地址已经耗尽，但全球接入互联网的人口只占 14% 左右，随着社会的发展和人口数量的增加，会有更多的人需要通过配置 IP 地址接入互联网。另外，早期占用互联网地址的主要设备基本是国家或者科技企业的大型机构，后来转变为 PC，自从 2007 年苹果公司推出 iPhone 手机后，智能手机和移动互联网技术开始了突飞猛进的发展，对地址的需求也从平均一家一台电脑，到一人一部手机，再到一人多部手机、平板电脑等都需要配置 IP 地址。近年来，随着物联网技术逐渐成熟，在社会公众服务、工业制造领域也开始向信息化和互联网化发展，各类智慧城市、数字政府、工业互联网等信息化建设也都是在此背景下推出的。因此，对 IP 地址的需求开始从传统的以人为单位计量转变为以物为单位计量，例如，公共场所的摄像头，自动贩卖机，共享单车，带有联网功能的电视、空调、微波炉等智能家居，制造企业的机械化装备，车间厂房的各类温度、湿度、粉尘传感器等。此外，企业在商务贸易中的全球化业务扩张带来的网络设备增多，虚拟化技术中单个物理系统需要通过配置多个 IP 地址实现多虚拟系统的功能等。IPv4 显然已经无法满足这些需求。

正是因为上述多种因素，IETF 设计了 IPv6 用于代替 IPv4 作为下一代互联网协议。其最主要的特点就是地址空间几乎无限。IPv6 的地址长度为 128bit，在 IPv4 地址空间的基础上增大了 2^{96}，可以很好地解决 IPv4 地址不足的问题。目前各国都处于 IPv4 向 IPv6 过渡的阶段。

| 1.3　IPv6 的发展历史 |

在 1992 年年初，一些关于互联网地址系统的建议在 IETF 上被提出，并于 1992 年年底形成白皮书。在 1993 年 9 月，IETF 建立了一个临时的 Ad-Hoc 下一代 IP（IPng）领域来专门解决下一代 IP 的问题。这个新领域由 Allison Mankin 和 Scott Bradner 领导，成员由 15 名来自不同工作背景的工程师组成。IETF 于 1994 年 7 月 25 日采纳了 IPng 模型，并形成几个 IPng 工作组。

从 1996 年开始，一系列用于定义 IPv6 的 RFC 发表出来，最初的版本为 RFC1883。由于 IPv4 和 IPv6 地址格式等不相同，因此在未来的很长一段时间里，互联网中出现 IPv4 和 IPv6 长期共存的局面。在 IPv4 和 IPv6 共存的网络中，对于仅有 IPv4 地址，或仅有 IPv6 地址的端系统，两者是无法直接通信的，此时可依靠中间网关或者使用其他过渡机制实现通信。

2003 年 1 月 22 日，IETF 发布了 IPv6 测试性网络，即 6Bone 网络。它是 IETF 用于测试 IPv6 网络而进行的一项 IPng 工程项目，该工程项目的目的是测试如何将 IPv4 向 IPv6 迁移。作为 IPv6 问题测试的平台，6Bone 网络包括协议的实现、IPv4 向 IPv6 迁移等功能。6Bone 操作建立在 IPv6 试验地址分配的基础上，并采用 3FFE::/16 的 IPv6 前缀，为 IPv6 产品及网络的测试和试商用部署提供测试环境。

在创建后的 6 年时间内，6Bone 的规模差不多扩展到包括中国在内的近 60 个国家和地区，连接了近千个站点。6Bone 网络被设计成为一个类似于全球性层次化的 IPv6 网络，与实际的互联网类似，它包括伪顶级提供商、伪次级提供商和伪站点级组织机构。伪顶级提供商负责连接全球范围的组织机构，它们之间通过 IPv6 的

BGP-4 扩展来尽力通信；伪次级提供商也通过 BGP-4 连接到伪顶级提供商；伪站点级组织机构通过默认路由或 BGP-4 连接到伪次级提供商。6Bone 最初开始于虚拟网络，它使用 IPv6-over-IPv4 隧道过渡技术。因此，它是一个基于 IPv4 互联网且支持 IPv6 传输的网络，后来逐渐建立了纯 IPv6 连接。

从 2011 年开始，主要用在个人计算机和服务器系统上的操作系统基本上都支持高质量 IPv6 配置产品。例如，Microsoft Windows 从 Windows 2000 起就开始支持 IPv6，到 Windows XP 时已经进入了产品完备阶段。而 Windows Vista 及以后的版本，如 Windows 7、Windows 8、Windows 10 等操作系统都已经完全支持 IPv6，并对其进行了改进以提高支持度。Mac OS X Panther 10.3、Linux 2.6、FreeBSD 和 Solaris 同样支持 IPv6 的成熟产品。一些应用基于 IPv6 实现，如 BitTorrent 点到点文件传输协议等，避免了使用 NAT 的 IPv4 私有网络无法正常使用的普遍问题。

2012 年 6 月 6 日，国际互联网协会举行了世界 IPv6 启动纪念日，这一天，全球 IPv6 网络正式启动。多家知名网站，如 Google、Facebook 和 Yahoo 等，于当天全球标准时间 0 时（北京时间 8 时整）开始永久性支持 IPv6 访问。

1.3.1　国际 IPv6 的发展

1. 美国

美国作为 IPv4 的发源地，在地址资源和商业应用方面都占据了先天的优势。1992 年，美国政府主导的"下一代互联网计划"研究和 1996 年美国国家科学基金会设立的"下一代因特网"研究计划中均包括 IPv6 研究计划。研究和开发 IPv6 的主要组织 IETF、6Bone 等都在美国。但是，由于美国掌握了全世界 74 % 的 IP 地址，在地址资源的分配与管理上也拥有一套更为完善的制度，因此从美国自身的角度考虑既没有地址短缺的忧虑，又不愿意改动花费亿万美元构建的 IPv4 商业网络体系，所以很长一段时间以来，美国政府对 IPv6 的发展的态度基本上是不温不火，主要是几个民间组织在跟踪研究。

美国的 Internet2 组织负责促进包括 IPv6 在内的下一代互联网的部署和采用，它是一个由 180 多所大学领导的集团，与业界及政府合作开发和部署先进的网络应用与技术。其主要目标是：为美国研究机构创建一个前沿网络；开创新的互联网应用；保证新的网络服务与应用迅速转移到广泛的互联网社团。能源科学网（ESnet）是美国国家级的一个研究教育网，其主要工作是帮助世界上的研究教育网推出 IPv6 服务，旨在提供商用 IPv6 过渡服务。

自 2003 年开始，出于对国家网络安全保护的需要，美国政府逐步开始对 IPv6 给予了极大的关注。2003 年 2 月，白宫发布网络安全计划，商务部将负责推动下一代网络协议标准（IPv6）的研发。2003 年 6 月，美国国防部发布了一份题为"IPv6"的备忘录，宣布将不再购买不支持 IPv6 的网络硬件设备。在这份备忘录中，美国国防部宣称要在美国军方规划实施的"全球信息网格"（GIG）中全面部署 IPv6，并提出了具体的目标：到 2008 财政年，在整个国防部的网络之间和内部网络中完成向 IPv6 的过渡。2004 年 3 月，美国国防部最大的 IPv6 试验网络 Moonv6 完成第二阶段的测试，并已经发布了测试结果。

2. 欧洲

欧洲国家政府在推广 IPv6 方面发挥着重要的作用，制定统一政策，对支持 IPv6 的产品实行减税和市场资讯方面的扶持。起初由于在 IPv4 地址方面没有亚洲那样非常大的压力，所以欧洲对于发展 IPv6 并没有太大的积极性。然而，美国对 IPv6 技术发展持不温不火的态度让欧洲看到了他们互联网发展方面有赶超美国的机会。另外，欧洲也担心在今后的互联网设备与应用方面落后于日本、韩国等亚洲国家，唯恐过时再追赶又会来不及，又会因为再次落后而付出更大的代价，所以他们也不敢掉以轻心而冒险等待。

欧洲自 2000 年开始进行 IPv6 的研究，由于当时欧洲移动通信事业相当发达，在全球范围中，作为第三代移动通信技术（3G）的领跑者，首先在 3G 网络中引入 IPv6 是水到渠成的事情，欧洲采用的基本策略是"先移动，后固定"。制定 3G 标准的 3GPP 组织于 2000 年 5 月确定以 IPv6 为基础构筑下一代移动互联网。IPv6 能提供无数的地址空间，为无线应用的新用户提供巨大容量，是后续 3G、4G 乃至 5G 必须遵循的标准和发展移动互联网所必需的工具之一。

欧洲在发展 IPv6 方面投入了很大的精力，先后推出了大大小小近 20 个 IPv6 的相关项目，包括 6INIT、6WINIT、WINE、Euro6IX、6NET 等。6INIT 项目从 2000 年开始，总投资为 42 万欧元，该项目的目的在于通过建立基于 IPv6 的运行网和提高有关 IPv6 部署问题在各公司间的认知度，推进 IPv6 多媒体和安全服务在欧洲的使用。该项目在 2001 年年底结束后，其中的大多数参与者都留在 6WINIT（IPv6 无线互联网行动计划）项目中继续工作。6WINIT 项目的目的是有效地推进基于 IPv6 与 GPRS 及 UMTS/3GPP 结合的新型移动无线互联网在欧洲的应用。另外，欧洲还投资 155 万欧元建立了 Euro6IX 试验床用于加快 IPv6 在欧洲的引入和发展。

尽管欧洲的领导层都对 IPv6 给予了厚望，但欧洲的各大运营商基本上都处于左右为难、举棋不定的状态，他们主要是考虑到 IPv6 还有许多的问题需要完善，加上要向 IPv6 过渡，就必须要对原来部署的大量设备和软件等进行更新换代。总体来说，运营商的积极性不是很高，但欧洲的设备厂商在 IPv6 的研发上可是不甘落后，当时在移动通信领域占主导地位的诺基亚、爱立信等为代表的多数网络设备商都相继推出了各自的 IPv6 产品和解决方案。

3. 日本

日本是发展 IPv6 最早的国家之一，也是发展 IPv6 速度最快的国家。由于错过了 20 世纪互联网与移动通信的发展机会，因此日本政府决心利用 3G 和 IPv6 的发展契机奋起直追，使日本重新回到通信、电子领域全球最先进国家的行列。日本政府对 IPv6 的发展极为重视，甚至把 IPv6 技术的发展作为政府"超高速网络建设和竞争"的一项基本政策，并在 2001 年 3 月的"E-Japan 重点计划"中提出了于 2005 年完成互联网向 IPv6 过渡的目标。日本政府自 1992 年起就开始进行 IPv6 的研发和标准化工作，并且取得了相当大的成果，在研发和应用方面都位列世界前列。

日本 IPv6 的组织有许多,其中,因特网及广域网的官产学研联合研究开发组织(Widely Integrated Distributed Environment Project,WIDE)是世界上最早的 IPv6 研究机构,该组织于 1988 年由政府组织成立。起初,WIDE 的目的只是建立大规模广域分散网络环境,后来开展 IPv6 的研究,进行 IPv6 的开发和标准的制定工作,并逐步成为一个国际性的研究组织。现在,WIDE 的研究成员已经达到 100 多个国际公司、40 多个教育科研组织的标准。另外,日本 IPv6 推进会(IPv6 Promotion Council of Japan)也是一个非常重要的官产学研相结合的组织,该组织于 2001 年成立,目的在于推动 IPv6 的产业化。

日本运营商是第一个开始向国内提供 IPv6 商业服务的。NTT 一直是 IPv6 应用的领航者,在 1999 年 9 月正式成为第一个商用业务提供商,并于 2002 年 4 月首次在日本推出付费的商用 IPv6 网关业务。到目前为止,NTT Com、Japan Telecom 和 KDDI 等日本的主要运营商和 ISP 几乎都已经提供了 IPv6 商业化接入服务。日本运营商还努力向国际上推广其 IPv6 业务。NTT Europe 在 2003 年 2 月向欧洲推出了 IPv6 网关业务。NTT 还与 Verio 联合建立了跨越日本、欧洲和美国的全球 IPv6 商用骨干网,2003 年下半年在美国首次推出商用的 IPv6 业务。截至目前,除日本本土之外,NTT/Verio 已经成功地在世界上 10 个国家和地区推出了 IPv6 商用服务。

在政府的大力支持下,日本企业对 IPv6 产品的研发与生产也获得了突飞猛进的发展,日立、NEC、富士通等是世界上最早实现 IPv6 硬件支持的网络设备厂商。此外,日本的 IPv6 终端设备研制速度也相当快,索尼、东芝、日立、松下等主要信息终端厂商的产品都已支持 IPv6。

4. 韩国

韩国和日本一样,作为 IPv6 技术发展第一梯队的国家之一,政府对 IPv6 技术的发展相当重视。韩国早期还专门制定了 IPv6 的演进进程,共分为 4 个阶段。第一阶段(2001 年以前)建立 IPv6 试验网,开展验证、运行和宣传工作;第二阶段(2002—2005 年)建立了 IPv6 岛,与现有 IPv4 大网互通,在 IMT-2000 上提供 IPv6 服务;

第三阶段（2006—2010 年）建立 IPv6 大网，原 IPv4 大网退化为 IPv4 网络孤岛，与 IPv6 大网互通，提供有线和无线的 IPv6 商用服务；第四阶段（2011 年之后）演进成一个单纯完整的 IPv6 网。

韩国情报通信部早在 2004 年 2 月就发表了 IT-839 计划，这个计划是近十多年来韩国 IT 产业最重要的发展计划，"839"代表 8 项服务、3 个基础项目和 9 种新产品。其中 IPv6 是需要建设的 3 个基础项目之一，通过支持引导性项目和开发设备来推动 IPv6 在韩国的发展，韩国预期 IPv6 将从根本上解决地址短缺的问题，并将为新兴主导项目的成功作贡献。为此，韩国采取了以下策略。

（1）通过 IPv6 的实验项目，对设备和业务进行检验，IPv6 政策委员会将在行业、学院、研究机构和政府之间建立合作关系。

（2）加快开发适合互联网环境的 IPv6 技术，并将其用于发掘早期的市场需求。

（3）在一些新的项目中应用 IPv6 技术，包括 BcN（宽带综合网）、WiBro（无线宽带）、家庭网络业务以及 RFID（无线电射频识别）和 3G 移动通信业务的连接等。

5. 6Bone

6Bone 是世界上成立最早也是迄今规模最大的全球范围的 IPv6 示范网，1996 年由 IETF 建立，一个重要的设计目标是实现 IPv6 与网络中现行的 IPv4 协议兼容。到目前为止，6Bone 的规模已经扩展到包括中国在内的近 60 个国家和地区，连接了近千个站点，成为 IPv6 研究者、开发者和实践者的主要平台。

6Bone 是一个全球性层次化的 IPv6 网络，但它在物理上并不是一个纯粹的 IPv6 网络，它只是各个国家和地区组织维护的 IPv6 网络孤岛通过在基于 IPv4 的互联网上利用隧道技术连接起来的一个虚拟 IPv6 网络。

到 1998 年年初，IPv6 协议的基本框架已经逐步成熟，在越来越广泛的范围内得到实践。1998 年，面向实用的全球性 IPv6 研究和教育网（6REN）启动，建立了物理上以 ATM 为中心的 IPv6 洲际网，值得注意的是，同年中国教育和科研计算机网（CERNET）正式加入 6Bone，成为其骨干网成员。2000 年 2 月，6Bone 实验网试验完成了 6Bone 骨干路由规则（6Bone Backbone Routing Guidelines），该规则最终被 IETF 接受为 RFC2772 标准文稿，取代了 RFC2546。6Bone 实验网还于 2000 年 4 月发布了关于 BGP4+ 的路由稳定性报告。目前，6Bone 正致力于向实现非隧道的 IPv6 本地化移植，其工作重点为 IPv4 向 IPv6 的过渡和运营模式等方面的研究与测试。

1.3.2 国内 IPv6 的发展

IPv6 在中国的发展获得了政府极大的支持，在过去的 20 多年时间内政府持续推动 IPv6 的技术发展和应用落地。作为 IPv6 研究工作启动较早的国家之一，CERNET 于 1998 年建立了国内第一个 IPv6 试验床 CERNETv6 并接入国际 6Bone 实验网，标志着中国 IPv6 研究工作进入了实质阶段。随后，中国政府又开展了一系列的 IPv6 研究项目和相关工作。1999 年，国家自然科学基金重大联合项目"中国高速互联研究试验网 NSFCNET"启动，该项目连接了清华大学、北京大学、北京航空航天大学、北京邮电大学、中国科学院、国家自然科学基金委，并与世界上下一代互联网连接。中国教育和科研计算机网如图 1-1 所示。

图1-1　中国教育和科研计算机网

在接下来的"十五"期间，下一代互联网的研究和开发被推上一个新的战略高度。国家自然科学基金、国家 863 计划均设立了大量相关的基础研究项目和关键技术开发项目，其中在原国家计委的支持下，以"下一代互联网中日 IPv6 合作项目"为先导，开启了中国下一代互联网 IPv6 的工业性示范工程时代；2002 年，信息产业部"下一代 IP 电信实验网"（6TNet）项目启动，科技部 863 信息领域专项"高性能宽带信息网"（3TNet）启动；2003 年，信息产业部颁发首张 IPv6 核心路由器入网试用批文；2003 年 8 月，国家发展改革委批复了中国下一代互联网示范工程（CNGI）示范网络核心网建设项目可行性研究报告。CNGI 的启动是中国政府高度重视下一代互联网 IPv6 技术研究的标志性事件和项目，是从政府层面推动下一代互联网研究与建设的基础项目，对全面推动中国下一代互联网研究及建设有重要意义，在当时 CNGI-CERNET2 作为全球最大的纯 IPv6 网络，引起了世界各国的高度关注，此后基于 CNGI-CERNET，中国开展了大规模的下一代互联网关键技术研究，在 2008 年北京奥运会上，CNGI-CERNET2 项目成果也得到了广泛应用。然而，令人遗憾的是，在 CNGI-CERNET2 正式开通后的 8 年中，中国 IPv6 用户保持在 500 万人停滞不前。与之形成鲜明对比的是，在 2012 年全球 IPv4 地址池被分配完毕后，IPv6 国际发展形势迎来重大转变，根据 2017 年年底的统计，普及率最高的比利时 IPv6 用户超过 57%，发展中国家印度的 IPv6 用户普及率居世界第二，用户数达到 2.207 亿人。在这 10 多年间，虽然中国陆续在 2012 年由七部委联合发布了《关于下一代互联网"十二五"发展建设的意见》和 2014 年工业和信息化部、国家发展改革委共同发布了《关于全面推进 IPv6 在 LTE 网络中部署应用的实施意见》，但是国内主要的 IPv6 技术研究及应用更多还是依靠国内电信运营商，具体包括 2001 年中国电信启动《IPv6 总体技术方案》项目的研究工作。接下来 2002 年中国电信在北京、上海、广州和湖南进行 IPv6 试验与测试工作，重庆网通信息港 IPv6 城域示范网项目。随着《关于下一代互联网"十二五"发展建设的意见》和《关于全面推进 IPv6 在 LTE 网络中部署应用的实施意见》发布后，国内三大电信运营商（中国电信、中国移动、中国联通）进一步扩大对基础通信承载网（包括 IP 承载网、移动承载网、软交换核心网等）和相应的业务运营支撑系统的 IPv6 改造规模。

近年来，在《推进互联网协议第六版（IPv6）规模部署行动计划》发布后，教育部办公厅、工业和信息化部以及各省网信办先后推出了关于贯彻落实《推进互联网协议第六版（IPv6）规模部署行动计划》的通知。2018 年 6 月，阿里云宣布联合三大电信运营商全面对外提供 IPv6 服务，并计划在 2025 年年前助推中国真正实现纯 IPv6 网络；2019 年 4 月 16 日，工业和信息化部发布《关于开展 2019 年 IPv6 网络就绪专项行动的通知》，计划于 2019 年年末完成 13 个互联网骨干直联点 IPv6 的改造等。

| 1.4　国内重要政策 |

在前文介绍过，中国政府在 IPv6 技术的研究和发展中起到了至关重要的作用，从政策发文引导到研发经费扶持。在目前阶段影响中国 IPv6 技术发展的最具指导意义的文件是《推进互联网协议第六版（IPv6）规模部署行动计划》。

1.4.1　《推进互联网协议第六版（IPv6）规模部署行动计划》政策解读

2017 年 11 月 26 日，中共中央办公厅、国务院办公厅印发了《推进互联网协议第六版（IPv6）规模部署行动计划》（以下简称《行动计划》），并发出通知，要求各地区各部门结合实际认真贯彻落实。《行动计划》提出，大力发展基于 IPv6 的下一代互联网，有助于提升我国网络信息技术自主创新能力和产业高端发展水平，高效支撑移动互联网、物联网、工业互联网、云计算、大数据、人工智能等新兴领域快速发展，不断催生新技术新业态，促进网络应用进一步繁荣，打造先进开放的下一代互联网技术产业生态。

1. 重要意义

在《行动计划》描述的推动 IPv6 规模部署的重点意义中，重点提了 3 个方面：分别是互联网演进升级的必然趋势、技术产业创新发展的重大契机和网络安全能力强化的迫切需要。其中，关于互联网演进升级是个老生常谈的问题，IPv4 的地址耗尽，从互联网发展的角度来看，需要用 IPv6 提供充足的网络地址和广阔的创新空间，也是全球各国下一代互联网商业应用的解决方案。技术产业创新发展则是首次将 IPv6 技术的应用与移动互联网、物联网、工业互联网、人工智能等领域结合起来，大家都知道中国移动互联网在过去数十年，从用户数量到技术应用都得到了突飞猛进的发展。在制造业领域，一直在强调对工业、制造业的信息化融合，为机器赋予生命，通过智能化的控制用机器制造机器。同样，越来越多的共享单车、无人贩卖机、传感器、摄像头等物联网应用、产品被广泛使用。因此，IP 地址需求从最早的满足人均不到 1 台互联网主机，到满足一人多部移动互联网终端，再到各类工业设备、物联网感知终端，都成为推进 IPv6 规模部署的重大契机。最后关于网络安全，从十八届三中全会以来，中国政府采取了一系列重大举措来加大网络安全和信息化发展的力度，体现了中国全面深化改革、加强顶层设计的意志，显示出在中央高层保障网络安全、维护国家利益、推动信息化发展的决心。在此背景下，结合 IPv6 的技术特点，为解决网络安全问题提供了新平台，为提高网络安全管理效率和创新网络安全机制提供了新思路，重点还是体现在显著增强网络安全态势感知和快速处置能力，本书后面对于 IPv6 技术的安全性将进一步论述。

2. 总体要求

总体要求主要包含指导思想、基本原则、主要目标和发展路径 4 个部分。在基本原则中提出对于 IPv6 的规模部署，主要由政府引导、企业主导。加强政府的统筹协调、政策扶持和应用引领，优化发展环境，充分发挥企业在 IPv6 发展中的主体地位作用，激发市场需求和企业发展的内生动力。对比之前数十年 IPv6 在中国的推进和研究进程，此次《行动计划》除了用于通过 IPv6 解决 IPv4 地址耗尽问题，满足公众用户互联网访问的需求之外，更加注重经济社会各领域以及企业，从自身需求出发，推行基于 IPv6 的技术创新及规模部署；政府也从传统的直接投入经费，改变自身定位，通过统筹协调、政策扶持等方式，创造技术发展环境，鼓励企业结合自身需求融合创新，发挥主导作用，这里的企业和产业也不仅仅特指涉及 IPv6 技术的研发制造企业本身（例如，从事 IPv6 技术改造的基础网络设备制造商、软件产品集成商等），更多的是社会各领域的传统行业、企业结合自身信息化的建设，把 IPv6 技术使用起来，例如，在本书后面的章节会提到目前最多的要求就是中央企业和政府的网站需要进行 IPv6 改造，满足 IPv6 终端访问的需求。

在总体要求中另外一个重点的内容就是主要目标，《行动计划》将 IPv6 在中国的规模部署设定了 3 个时间点，2018 年年末、2020 年年末和 2025 年，其中，第一阶段是到 2018 年年末，市场驱动的良性发展环境基本形成，IPv6 活跃用户数达到 2 亿，在互联网用户中的占比不低于 20%，并在以下领域全面支持 IPv6：国内用户量排名前 50 位的商业网站及应用，省部级以上政府和中央企业外网网站系统，中央和省级新闻及广播电视媒体网站系统，工业互联网等新兴领域的网络与应用；域名托管服务企业、顶级域运营机构、域名注册服务机构的域名服务器，超大型互联网数据中心（IDC），排名前 5 位的内容分发网络（CDN），排名前 10 位云服务平台的 50% 云产品；互联网骨干网、骨干网网间互联体系、城域网和接入网，广电骨干网，LTE 网络及业务，新增网络设备、固定网络终端、移动终端。简单来说就是，政府、企业（主要指中央企业）的 Web 网站，主流的商业云平台及政务云，运营商的基础承载网络和各类新增终端，而且大家可以直观地看到在《行动计划》发布后，各类中央企业和省政府官网都进行了相应的 IPv6 改造，按照要求用户可以通过 IPv6 的终端设备进行上述网站的访问，大型中央企业的官网改造工作在各省主要由经济委主导相关的工作。第二阶段是到 2020 年年末，市场驱动的良性发展环境日臻完善，IPv6 活跃用户数超过 5 亿，在互联网用户中的占比超过 50%，新增网络地址不再使用私有 IPv4 地址，并在以下领域全面支持 IPv6：国内用户量排名前 100 位的商业网站及应用，市地级以上政府外网网站系统，市地级以上新闻及广播电视媒体网站系统；大型互联网数据中心，排名前 10 位的内容分发网络，排名前 10 位云服务平台的全部云产品；广电网络，5G 网络及业务，各类新增移动和固定终端，国际出入口。在这个阶段，IPv6 的部署要求从省级政府拓展到市级，从中央企业拓展到主流的商业网站，并提出了新增网络地址不再使用私有 IPv4 地址，这和传统的网络建设模式相比发生了重大的改变。最后一个阶段是到 2025 年年末，我国 IPv6 网络规模、用户规模、流量规模位居世界第一位，网络、应用、终端全面支持 IPv6，全面完成向下一代互联网的平滑演进升级，形成全球领先的下一代互联网技术产业体系。这个阶段标志着我国互联网的发展将从 IPv4 和 IPv6 共存演进为全网 IPv6 的阶段。

3. 重点任务、实施步骤和保障措施

在重点任务中，按互联网应用、网络基础设施、应用基础设施、网络安全和 IPv6 技术创新等各方面提出了具体的实施步骤，并在每个步骤中落实了相关的主体单位、组织（政府、中央企业、运营商、云服务提供商等）；在实施步骤中就上述重点任务领域具体明确了 2017—2018 年和 2019—2020 年的时间进度要求和任务分解；保障措施中提出了加强组织领导、优化发展环境、强化规范管理和深化国际合作。

1.4.2　政策带来的影响

1. 全面告别内网IP

《行动计划》中提到，在 2020 年，"新增网络地址不再使用私有 IPv4 地址"。近年来运营商给用户分配的公网 IP 地址越来越少了，这就是 IPv4 资源枯竭导致的后果。随着 IPv6 的铺开，用户得以重新拥抱公网 IP。

现在不少用户所使用的，通常是运营商网络地址转换（Network Address Translation，NAT）过的内网 IP，而运营商往往不会为内网 IP 提供全面的端口映射，这让内网 IP 在游戏联机、P2P 下载、设备互联等方面的体验全方面被公网 IP 超越。通过 IPv6 用无穷无尽的公网 IP 地址可以从一定程度上解决游戏联机总搜不到人、

BT 下载找不到节点、远程控制电脑必须借助第三方软件等问题。NAT 技术原理如图 1-2 所示。

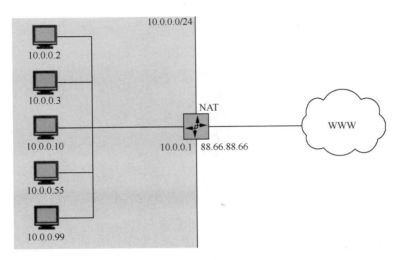

图1-2　NAT技术原理

2. 让物联网有容身之地

IP 地址需求的突然膨胀，和移动互联网的爆发是密不可分的。在以前，只有部分家庭普及了计算机，43 亿个 IP 地址也基本上应付得来；但当人手一部智能手机的时候，IPv4 就有点捉襟见肘了；近年来，海量新增的可以联网的设备，如电视机、洗衣机、冰箱、电饭煲等智能家居；而在未来，还会有更多传统物品接入互联网，通过芯片工艺的发展，芯片越做越小，互联网的设备也将越来越多。

由图 1-3 可以看出，移动互联网出现的意义，绝不仅仅是让你得以在路上玩手机，物联网才是移动互联网馈赠给整个社会的更宝贵的礼物。面对正在浩浩荡荡发展的物联网，IPv4 只能望洋兴叹。尽管可以通过 NAT 为物联网设备提供 IP 地址，但这只会让网络更加错综复杂，增加不必要的维护成本。想要为物联网的每个设备都分配到公网 IP，需要对现有的 IPv4 网络进行升级改造。通过 IPv6 的推进，能为物联网构筑足够宽敞的容身之地。虽然谈不上 IPv6 普及后身边的一切就突然会变得智能起来，但是其提供了技术保障。

图1-3　IPv6近乎无穷的IP地址，能容得下物联网海量的设备

3. 每个人都有"IP身份证"

这点的可能性也非常大，在《行动计划》中，提到了"严格落实 IPv6 网络地址编码规划方案，加强 IPv6 地址备案管理，协同推进 IPv6 部署与网络实名制，落实技术接口要求，增强 IPv6 地址精准定位、侦查打击和快速处置能力"。之所以能够借助 IPv6 的部署推行网络实名制，是因为 IPv6 的地址足够多。由图 1-4 可知，IPv6 的地址数量远远大于 IPv4 的地址数量。

图1-4　IPv6的地址数量是如此之多，以至于每个人都能分配到伴随一生的固定IP

前面提到，IPv4 无法提供充足的 IP 地址，这让运营商不得不通过 NAT 提供内网地址。不过，想要公网 IP 地址也是可以申请的，但个人用户所使用的公网 IP 地址往往不固定，到底给你分配的是哪个 IP 地址，要视实际情况而定，IPv4 可没有这么多公网 IP 地址一对一分配给用户。无论如何，在 IPv4 的体系中，IP 地

址和个人用户是难以一一对应的；但在 IPv6 的体系中，IP 地址数量显然不会成为问题。

4. 更精确的"大数据""云计算"

如果每个 IPv6 地址都可以对应到具体的人，一方面，这可以为更加彻底的网络实名制打下基础；另一方面，这可以提高管理效率，也能为用户提供更精准的内容推送。某个人需要什么服务、什么内容，直接就可以向特定的 IP 地址推送，这种服务到门牌号的体验或许会成为未来的常态。

5. 更高效的信息传输

在 IPv4 中，由于缺乏公网 IP 地址，不得不使用大量的 NAT 来连接设备，这让网络模型变得越来越复杂。IPv6 的海量 IP 地址大大改善了这种情况，数据可以进行更高效的点对点传输。同时，IPv6 的报头更加精简，转发效率更高。IPv4 和 IPv6 的报头格式对比如图 1-5 所示。

图1-5 IPv4和IPv6的报头格式对比

1.4.3 相关指导性文件

在《推进互联网协议第六版（IPv6）规模部署行动计划》一经印发后，各级部委、相关机构都纷纷发布了关于落实《推进互联网协议第六版（IPv6）规模部署行动计划》的通知，工业和信息化部关于贯彻落实《推进互联网协议第六版（IPv6）规模部署行动计划》的通知；教育部办公厅关于贯彻落实《推进互联网协议第六版（IPv6）规模部署行动计划》的通知；中国人民银行、中国银行保险监督管理委员会、中国证券监督管理委员会关于金融行业贯彻《推进互联网协议第六版（IPv6）规模部署行动计划》的实施意见等。

1. 工业和信息化部关于贯彻落实《推进互联网协议第六版（IPv6）规模部署行动计划》的通知

该通知主要面向各省市通信管理局、三大电信运营商、云服务商和信息化相关软硬件科技公司。通知提出，实施 LTE 网络端到端 IPv6 改造。到 2018 年年末，基础电信企业完成全国范围 LTE 核心网、接入网、承载网、业务运营支撑系统等 IPv6 改造并开启 IPv6 业务承载功能，为移动终端用户数据业务分配 IPv6 地址，提供端到端的 IPv6 访问通道。截至 2018 年年末，基础电信企业完成门户网站、网上营业厅网站 IPv6 改造，移动互联网 IPv6 用户规模不少于 5000 万户（基础电信企业已分配 IPv6 地址且一年内有 IPv6 上网记录的用户）。

通知还提出，加快固定网络基础设施 IPv6 改造。到 2018 年年末，完成北京、上海、广州、郑州、成都的互联网骨干直联点 IPv6 改造，开通 IPv6 网间互联带宽不小于 1 Tbit/s。到 2020 年年末，完成所有互联网骨干直联点 IPv6 改造，开通 IPv6 网间互联带宽不小于 5 Tbit/s。

2. 教育部办公厅关于贯彻落实《推进互联网协议第六版（IPv6）规模部署行动计划》的通知

该通知主要面向各省市教育厅局、高等院校及科研机构，其中提出，到 2020 年年底，教育系统的各类网络、门户网站和重要应用系统完成升级改造，支持 IPv6 访问；基于 IPv6 的安全保障体系基本形成。下一代互联网相关学科专业人才培养、技术研发与创新工作显著加强，教育系统人才保障和智力支撑能力大幅提升。实施基础网络设施升级改造，加快应用系统和服务升级，优化网络安全管理和防护。

3. 中国人民银行、中国银行保险监督管理委员会、中国证券监督管理委员会关于金融行业贯彻《推进互联网协议第六版（IPv6）规模部署行动计划》的实施意见

该意见旨在加快推进基于 IPv6 的下一代互联网在金融行业的规模部署，促进互联网演进升级与金融领域的融合创新。实施意见提出，到 2019 年年底，金融服务机构门户网站支持 IPv6 连接访问。到 2020 年年底，金融服务机构面向公众服务的互联网应用系统支持 IPv6 连接访问，并具备与 IPv6 改造前同等的业务连续性保障能力。2021 年起，在做好金融行业面向公众服务的互联网应用系统 IPv6 改造基础上，持续推进 IPv6 规模部署，逐步构建高速率、广普及、全覆盖、智能化的下一代互联网。

| 1.5　IPv6 技术现状及发展趋势 |

近年来 IPv6 部署在全球推进迅速，主要发达国家 IPv6 部署率持续稳步提升，部分发展中国家推进迅速，比利时、美国等国家 IPv6 部署率已超过 50%，全球 IPv6 用户访问 Google 网站的占比已达 25%，Google、Facebook 等全球排名靠前的网站已经全面支持 IPv6，详见图 1-6。

图1-6　全球IPv6用户访问Google网站的占比图

全球 IPv6 建设进程自 2015 年明显加速，活跃用户数占比显著增加。2019 年

4月30日APNIC统计数据显示，全球3 483 790 681（约34.8亿）的互联网用户中IPv6用户占比为15.97%，全球IPv6用户数量约为556 207 093（5.56亿）人。截至2019年4月，通过IPv6访问Google网站的用户比例已上升至25%左右，相较于2018年年初的20%，提高了5个百分点。随之IPv6网络流量也经历着快速增长，荷兰阿姆斯特丹互联网交换中心（AMS-IX）的数据显示，自2018年7月以来，IPv6网络流量增长迅速，平均流量从2018年7月的大约70 Gbit/s增长到2019年4月的138 Gbit/s。庞大的IPv6用户规模和日趋完善的IPv6网络基础设施为IPv6流量快速增长奠定了坚实的基础。然而IPv6内容与应用对流量的拉动作用亦不容小觑，相对滞后的IPv6网站应用改造成为阻碍IPv6流量继续快速增长的关键因素。在地址申请方面，通过申请量的攀升，反映出各国对IPv6的关注度逐渐加强，由于IPv6地址申请数量是IPv6基础资源的一个主要指标。随着物联网、工业互联网等产业的快速发展和对网络安全日益迫切的需求，各国都加快了申请IPv6地址的节奏。APNIC统计数据显示，截至2019年5月1日，全球IPv6地址申请总量已达557 268块（/32），去年同期，全球IPv6地址申请总量为464 525块（/32），增长了约20个百分点。IPv6地址申请数量直观地反映了各国对IPv6所持的态度和地址资源的储备量。各国的运营商都在积极推进网络基础设施IPv6的改造，其中移动网络IPv6部署遥遥领先，World IPv6 Launch公布的335个网络运营商的数据显示，全球各大运营商都在积极推动IPv6网络基础设施改造，从整体来看，IPv6的部署率呈不断上升态势。2019年4月，日本KDDI的IPv6部署率为48.70%，比去年同期上升约6个百分点；美国Comcast的IPv6部署率为67.11%，比去年同期上升约7个百分点。同时基于VoLTE对IPv6的天然依赖，移动运营商在VoLTE部署时均设置了IPv6优先，不仅使IPv6的部署率大大提升，还带来了庞大的IPv6用户规模和完善的IPv6网络，亦为IPv6流量快速上升奠定了坚实的基础。印度移动运营商Reliance Jio的IPv6部署率超过90%；美国三大移动运营商Verizon Wireless的IPv6部署率约为86%，Sprint的IPv6部署率约为78%，T-Mobile USA的IPv6部署率约为92%。网站应用对IPv6的访问支持逐渐成为推进焦点，截至 2019 年 4 月，World IPv6 Launch 提供的数据显示，年内 Alexa 排名 Top1000 的网站中 IPv6 的支持率已稳定在 25 % 左右。Google、YouTube、Facebook 全球排名前三的网站已全面支持 IPv6。2019 年 5 月 Vyncke 的统计数据显示，Alexa 排名美国国内 Top50 的网站中已经有超过 20 个支持 IPv6，比利时经过近两年的发展，支持数也从个位数提高到 20 个左右。虽然 Google、Facebook 等内容提供商一直致力于提供内容层的 IPv6 支持，但各国国内网站、面向消费者的应用，以及一些公司内部系统对 IPv6 的改造，依然工程巨大，即便是部署率排名靠前的日本，Alexa 排名日本国内 Top50 的网站中也仅有 5 个支持 IPv6，IPv6 内容建设逐渐成为 IPv6 规模部署持续推进的重点工作。

从总体上看全球 IPv6 的部署情况，主要发达国家 IPv6 部署依然高位平稳推进，包括中国在内的部分发展中国家发展势头迅猛，2019 年 4 月 APNIC 统计数据显示，全球 IPv6 部署率已达 20.95%，比 2019 年年初的 18.86% 上升了约 2 个百分点；北美和欧洲发达国家保持了一贯的高水平部署率，比利时 IPv6 部署率为 57.83%，比 2019 年年初的 51.85% 上升了约 6 个百分点，依然位居榜首；美国 IPv6 部署率为 53.25%，比 2019 年年初的 46.98% 上升了约 6 个百分点，位列第二；越南 IPv6 部署率为 34.94%，比 2019 年年初的 30.21% 上升了约 5 个百分点，排名上升至第 7 位；中国部署率为 10.80%，位列 44，比 2019 年年初的 6.92% 上升了约 4 个百分点，前进 3 位。从以上数据可以看出，政府积极倡导、专家工作组有力支撑和运营商大力推进是 IPv6 得以快速部署的前提条件。美国的《政府 IPv6 应用指南 / 规划路线图》、印度的《国家 IPv6 部署路线图》、越南的《国家 IPv6 行动计划》等，均有力地引导和支持了本国的 IPv6 规模部署；日本的 JPNIC、IPv6 推进委员会和越南的 VNNIC、国家 IPv6 工作组等各国的专家工作组，通过大力倡导组织协调产业各界通力合作，并提供技术支持，在本国 IPv6 规模部署方面发挥了重要的推动和支撑作用；Verizon Wireless、AT&T 和 T-Mobile 等美国移动运营商在 VoLTE 部署时均设置 IPv6 优先，由此构建了庞大的 IPv6 用户规模和完善的 IPv6 网络，IPv6 部署率快速上升水到渠成。通过技术升级换代和网络设备更新的机会，更为经济高效地推动 IPv6 规模部署。

日本 KDDI 的 FTTH 自 2014 年 9 月以来全面支持 IPv6。越南 FPT Telecom 和 VNPT 是固网宽带领域 IPv6 部署的先锋，VNPT 更是积极布局 4G LTE 提供 IPv6 服务，并提出未来仅支持 IPv6 的部署计划。印度移动运营商 Reliance Jio，自部署之初就全面支持 IPv6，大力发展 IPv6 用户，IPv6 部署率超过 90%。在 5G 时代，物联网技术日臻成熟，信息安全需求愈发迫切之际，抓紧技术升级换代和网络设备更新的最佳时机，无疑是推动 IPv6 规模部署的明智之举。IPv6 部署率经过快速提升后，IPv6 内容应用改造成为各国 IPv6 推进的焦点。对于 IPv6 部署较早且部署率遥遥领先的美国，政府成立的 USG v6 发展监控项目显示，目前企业和研究机构等网站对 IPv6 的支持度相对于美国政府网站相去甚远；越南积极推动政府机构网站对 IPv6 的支持，对支持 IPv6 的网站标记 IPv6 就绪标识，推广 IPv6 应用；日本各界也在积极开展关注 IPv6 应用普及的推进研究工作。

当前，在政策的支持引导和巨大的市场需求助推下，中国电信运营商和互联网企业在 IPv6 方面的部署进程明显加快，在这场关系到国家网络安全和 IP 资源争夺的技术竞赛中，中国正全力驶入快车道。根据 IPv6 Forum（全球 IPv6 论坛）的统计，中国 IPv6 的发展综合程度达到 23%，但是用户访问 IPv6 占比相对较低（结合中国对互联网管制的特殊性和 Google 网站对 IPv6 用户占比的统计机制分析，上述的数据存在一定误差）。

根据 2019 年中国互联网大会上发布的《中国 IPv6 发展状况》白皮书，及国家 IPv6 发展监测平台（可通过 Web 网页直接访问）对部分典型互联网应用的实时监测和采样统计，截至 2019 年 6 月，中国 IPv6 活跃用户数已达 1.30 亿人。基础电信企业已分配 IPv6 地址的用户数达 12.07 亿人。数据显示中国已分配 IPv6 地址的用户数快速增长，IPv6 活跃用户数显著增加，可见中国 IPv6 规模部署工作呈现加速发展态势，并取得了积极的进展。

1. IPv6 流量

从 IPv6 流量分析，截至 2019 年 5 月，中国电信、中国移动和中国联通城域网出口总流量达 398.43 Gbit/s，LTE 核心网总流量达 508.87 Gbit/s，骨干直联点总流量达 75.74 Gbit/s，国际出入口的 IPv6 总流量达到 80.45 Gbit/s。但是与 IPv4 流量相比，IPv6 流量依然较少。

2. IPv6 地址量

IPv6 基础资源主要包括 IPv6 地址拥有量、AS 通告数量等。当前中国 IPv6 地址申请量保持较快增长，截至 2019 年 12 月，中国 IPv6 地址资源总量达到 47 845 块（/32），居全球第二位，对于 IPv6 地址储备量来说可以充分满足当前发展的需求。随着物联网、车联网、工业互联网的快速发展，中国对于 IPv6 地址的需求量依然较大。全球主要国家 / 地区 IPv6 地址分配如表 1-1 所示。

表1-1　全球主要国家/地区IPv6地址分配表

排名	国家 / 地区	地址数（/32）	申请数（个）
1	美国（US）	50 673	6329
2	中国（CN）	47 845	1817
3	德国（DE）	22 429	2563
4	英国（UK）	20 136	1942
5	法国（FR）	14 066	1218
6	俄罗斯（RU）	12 050	2353
7	日本（JP）	10 008	611
8	澳大利亚（AU）	9324	1389
9	荷兰（NL）	9265	1674
10	意大利（IT）	9262	885
11	巴西（BR）	6551	6973
12	西班牙（ES）	5535	873
13	波兰（PL）	5376	811
14	韩国（KR）	5246	160
15	阿根廷（AR）	5198	927
16	南非（ZA）	4757	296
17	欧盟（EU）	4387	71
18	埃及（EG）	4106	12

3. 基础通信网络

基础电信企业积极推进网络基础设施改造，骨干网络、LTE 网络、城域网络基本完成改造。IPv6 国际出入口带宽"从无到有"，已开通 100 Gbit/s；全国 13 个骨干网直联点已经全部实现了 IPv6 互联互通，IPv6 国内网间互联带宽快速增长，中国电信、中国移动、中国联通、中国广电、教育网和科技网累计开通 IPv6 网间互联带宽 6.39 Tbit/s。

4. 数据中心及域名服务

三大电信运营商（中国电信、中国移动、中国联通）的超大型、大型数据和中小型 IDC 已全部完成 IPv6 改造，可以为用户提供 IPv6 服务。同时，递归域名系统（Domain Name System，DNS）全部支持 IPv6 域名解析。内容分发网络（Content Delivery Network，CDN）企业已在全国范围内开展 IPv6 改造，初步具备 IPv6 的分发加速能力，但服务范围和服务带宽还有待进一步提升。云服务企业加快 IPv6 改造，负载均衡、云主机、对象存储、云服务器等云产品支持 IPv6 访问。

5. 终端及家庭网关

国内市场占比较大的 10 个品牌的 LTE 移动终端，均已支持发起 IPv6 地址请求、获得 IPv6 地址，并能支持 IPv6 应用。主流的移动操作系统、桌面操作系统、服务器操作系统，以及数据库等基础软件基本都已支持 IPv6。IPv6 规模部署的软硬件环境得到显著改观，但是家庭无线路由器 IPv6 支持率依然偏低。

6. 政府和中央企业门户网站

截至 2019 年 6 月，全国 91 家省部级政府门户网站中主页可通过 IPv6 访问的网站共有 83 家，占比为 91.2%；全国 96 家中央企业门户网站中主页可通过 IPv6 访问的网站有 77 家，占比为 80.2%；13 家中央重点新闻网站中主页可通过 IPv6 访问的网站共有 2 家，占比为 15.4%，有待提升。

7. 商业网站及移动应用

截至 2019 年 6 月，国内用户量排名 Top 50 的商业网站及移动应用可通过

IPv6 访问的已达 40 家，占比为 80%。由于改造周期较长、牵涉环节较多，网络、应用、终端的协同发展机制有待进一步优化，网站及应用改造的广度和深度有待提升。

|1.6 相关技术简介|

1.6.1 NAT 技术

NAT 是一个国际互联网工程任务组（Internet Engineering Task Force，IETF）标准，允许一个整体机构以一个公用 IP（Internet Protocol）地址出现在互联网上。顾名思义，它是一种把内部私有网络地址（IP 地址）翻译成合法网络 IP 地址的技术，如图 1-7 所示。因此我们可以认为，NAT 在一定程度上，能够有效地解决公网地址不足的问题。

图1-7　NAT功能示意

NAT 的基本工作原理是，当私有网络主机和公共网络主机通信的 IP 包经过 NAT 网关时，将 IP 包中的源 IP 或目的 IP 在私有 IP 和 NAT 的公共 IP 之间进行转换。大家对于 NAT 技术并不陌生，随着智能终端、平板电脑、智能家居等联网终端的普及，家庭中需要配置 IP 地址的设备越来越多，运营商为每个用户分配了一个公共 IP，用户的家庭网关就是通过 NAT 技术给家里的各类上网终端分配私网地址。如图 1-8 所示，NAT 网关有两个网络端口，其中公共网络端口的 IP 地址是统一分配的公共 IP，为 202.20.65.5；私有网络端口的 IP 地址是保留地址为 192.168.1.1。

私有网络中的主机 192.168.1.2 向公共网络中的主机 202.20.65.4 发送了 1 个 IP 包（Dst=202.20.65.4，Src=192.168.1.2）。

图1-8　NAT工作原理

　　NAT 就是在局域网内部网络中使用内部地址，而当内部节点要与外部网络进行通信时，就在网关（可以理解为出口，打个比方就像院子的门一样）处将内部地址替换成公用地址，从而在外部公网上正常使用，NAT 可以使多台计算机共享互联网连接。通过这种方法，局域网可以只申请一个合法 IP 地址，就把整个局域网中的计算机接入互联网中。这时，NAT 屏蔽了内部网络，所有内部网络计算机对于公共网络来说是不可见的，而内部网络计算机用户通常不会意识到 NAT 的存在。这里提到的内部地址，是指在内部网络中分配给节点的私有 IP 地址，这个地址只能在内部网络中使用，不能被路由转发。NAT 功能通常被集成到路由器、防火墙、ISDN 路由器或者单独的 NAT 设备中。如 Cisco 路由器中已经加入这一功能，网络管理员只需在路由器的 iOS 中设置 NAT 功能，就可以实现对内部网络的屏蔽。再比如防火墙将 Web Server 的内部地址 192.168.1.1 映射为外部地址 202.96.23.11，外部访问 202.96.23.11 地址实际上就是访问 192.168.1.1。此外，对于资金有限的小型企业来说，现在通过软件也可以实现这一功能。Windows 98 SE、Windows 2000 都包含了这一功能。

　　NAT 有 3 种类型：静态 NAT（Static NAT）、动态 NAT（Pooled NAT）、网络地址端口转换（Network Address Port Translation，NAPT）。

静态 NAT：通过手动设置，使互联网用户进行的通信能够映射到某个特定的私有网络地址和端口。如果想让连接在互联网上的计算机能够使用某个私有网络上的服务器（如网站服务器）以及应用程序（如游戏），那么静态映射是必需的。静态映射不会从 NAT 转换表中删除。在 NAT 转换表中存在某个映射，那么 NAT 只是单向地从互联网向私有网络传送数据。这样，NAT 就为连接到私有网络部分的计算机提供了某种程度的保护。但是，如果考虑到互联网的安全性，NAT 就要配合全功能的防火墙一起使用。

动态 NAT：动态 NAT 只是转换 IP 地址，它为每一个内部的 IP 地址分配一个临时的外部 IP 地址，主要应用于拨号，对于频繁的远程连接也可以采用动态 NAT。当远程用户连接上之后，动态 NAT 就会给它分配一个 IP 地址，用户断开时，这个 IP 地址就会被释放而留待以后使用。动态 NAT 方式适用于当机构申请到的全局 IP 地址较少，而内部网络主机较多的情况。内网主机 IP 与全局 IP 地址是多对一的关系。当数据包进出内网时，具有 NAT 功能的设备对 IP 数据包的处理与静态 NAT 一样，只是 NAT 表中的记录是动态的，若内网主机在一定时间内没有和外部网络通信，有关它的 IP 地址映射关系将会被删除，并且会把该全局 IP 地址分配给新的 IP 数据包使用，形成新的 NAT 表映射记录。

NAPT：NAPT 则是把内部地址映射到外部网络的一个 IP 地址的不同端口上。它可以将中小型的网络隐藏在一个合法的 IP 地址中。NAPT 与动态 NAT 不同，它将内部连接映射到外部网络中的一个单独的 IP 地址上，同时在该地址上加上一个由 NAT 设备选定的端口号。

正因为 NAT 技术可以从一定程度上解决地址不足的问题，所以中国在 IPv4 地址资源逐渐枯竭的相当长一段时间内，选择采用 NAT 技术将私有 IP 地址转换来应对 IPv4 地址不足的问题，从而落入了对私有 IP 地址依赖的陷阱，延缓了中国 IPv6 规模部署及应用的进程。当然，NAT 技术也有缺陷，末端用户无法直接点对点连接，但常规的网络使用都没有问题，而且现在也有很多 NAT 穿透的方法。

打个简单的比方，如图 1-9 所示，在互联网上设备之间的通信好比快递员送邮件，全球互联网是道路，最初设计的时候门牌号只有 4 位数，最多只有 10 000 个，用来标识每一幢房子（IPv4 协议），快递员拿到包裹后根据包裹上面的目的地址信息（用户 IP 地址）将货物（数据包）送达。但是，这条路越造越复杂，门牌号很快就不够用了。这时候大家想了个办法，把一些房子围成一个小区，一个小区可以有 10 幢房子，用楼号在小区内部区分房子，这几幢房子在这条路上共用同一个门牌号（NAT 技术），快递员把货物送到小区后，小区的物业（网关）再把具体房子地址告诉快递人员。但是这只是暂时缓解了门牌号不够用的问题，所以就有人提出来把门牌号位数增加到 40 位数（IPv6），这样就能彻底解决门牌号不够用的问题了。但是，由于 IPv4 和 IPv6 两个协议差别过大，全面换用 IPv6 需要从骨干网到终端的所有设备及相应的网络支撑系统都进行升级，成本非常高，而借助 NAT 技术的 IPv4 协议还能满足绝大部分用户的使用。所以在推行 IPv6 技术的初期，投入过大，带来的收益又不高，因此无论是硬件厂商还是 ISP 都没有足够的动力换用 IPv6 协议，IPv6 的推广进度也就理所当然得缓慢。还是用上文中的比方，从 4 位数门牌号换成 40 位数门牌号不仅需要把每幢房子上标号的铁牌换掉，还需要告诉自来水公司、电力公司、天然气公司、快递公司、外卖公司等怎么通过新的门牌号找到用户。

图1-9　NAT技术的出现暂时缓解了IP地址不足的问题

1.6.2 双协议栈技术

双协议栈（Dual Stack）是目前在运营商进行 IPv6 改造中的一种主流技术，指在一台设备上同时启用 IPv4 协议栈和 IPv6 协议栈。这样的话，这台设备既能和 IPv4 网络通信，又能和 IPv6 网络通信。如果这台设备是一个路由器，那么这台路由器的不同接口上，分别配置了 IPv4 地址和 IPv6 地址，并很可能分别连接了 IPv4 网络和 IPv6 网络。如果这台设备是一个计算机，那么它将同时拥有 IPv4 地址和 IPv6 地址，并具备同时处理这两个协议地址的功能。采用双协议栈是使 IPv6 节点保持与纯 IPv4 节点兼容最直接的方式，针对的对象是通信端节点（包括主机、路由器）。这种方式对 IPv4 和 IPv6 提供了完全的兼容，但是对于 IP 地址耗尽的问题帮助有限，是一种 IPv4 到 IPv6 的过渡技术。由于需要双路由基础设施，这种方式反而增加了网络的复杂度。

在网络运行双协议栈的时候，作为网络中的主机或路由器设备在接收数据包和发送数据包的工作方式如下。

1. 接收数据包

双栈节点与其他类型的多栈节点的工作方式相同。链路层接收到数据段，拆开并检查包头。如果 IPv4/IPv6 包头中的第一个字段，即 IP 数据包的版本号是 4，该数据包就由 IPv4 的协议栈来处理；如果版本号是 6，则由 IPv6 的协议栈处理；如果建立了自动隧道机制，则采用相应的技术将数据包重新整合为 IPv6 数据包，由 IPv6 的协议栈来处理。

2. 发送数据包

由于双栈主机同时支持 IPv4 和 IPv6 两种协议，所以当其在网络中通信时需要根据情况确定使用其中一种协议栈进行通信，这就需要制定双协议栈的工作方式。在网络通信过程中，目的地址作为路由选择的主要参数，因而根据应用程序所使用的目的地址的协议类型对双协议栈的工作方式做出以下约定。

（1）若应用程序使用的目的地址为 IPv4 地址，则使用 IPv4 协议。

（2）若应用程序使用的目的地址为 IPv6 地址，且为本地在线网络，则使用 IPv6 协议。

（3）若应用程序使用的目的地址为 IPv4 兼容的 IPv6 地址，且非本地在线网络，则使用 IPv4 协议，此时的 IPv6 将封装在 IPv4 中。

（4）若应用程序使用的目的地址是非 IPv4 兼容的 IPv6 地址，且非本地在线网络，则使用 IPv6 协议，类似约定（2）。

（5）若应用程序使用域名作为目标地址，则先从域名服务器得到相应的 IPv4/IPv6 地址，然后根据地址情况进行相应的处理。

以上（1）～（5）是双协议栈的工作方式，随着 IPv6 网络规模的不断扩大，这些工作方式必将做相应的修改和补充，这将取决于过渡的进程与 IPv6 网络的不断演进。

1.6.3　隧道机制

隧道技术是一种通过互联网络基础设施在网络之间传递数据的方式。使用隧道传递的数据可以是不同协议的数据帧或包，隧道协议将这些其他协议的数据帧或包重新封装在新的包头中发送，被封装的数据包在隧道的两个端点之间通过公共互联网络进行路由，一旦到达网络终点，数据将被解包并转发到最终目的地。整个传递过程中，被封装的数据包在公共互联网络上传递时所经过的逻辑路径称为隧道。

隧道技术作为另一种 IPv4 到 IPv6 过渡的技术，是将 IPv6 数据包封装在 IPv4 中，让 IPv6 数据包穿过 IPv4 网络进行通信。对于采用隧道技术的设备来说，在隧道的入口处，将 IPv6 的数据包封装进 IPv4，IPv4 数据包的源地址和目的地址分别是隧道入口和隧道出口的 IPv4 地址；在隧道的出口处，再将 IPv6 数据包取出转发到目的节点。隧道技术只要求在隧道的入口和出口处进行修改，对其他部分没有要求，容易实现。但是，隧道技术不能实现 IPv4 主机与 IPv6 主机的直接通信。为了更容易地理解隧道技术，还是以快递为例，准备发件用户 A 所在小区和准备寄往的目的地用户 B 所在小区已经采用了新的楼栋门牌号码，但是出小区后的所有街道还是采用老式的门派和道路号码机制，A 寄出包裹时将 B 的门牌号作为目的地址，包裹出小区时小区物业在包裹外层再加上一层盒子，把 B 所在小区的老式门牌号码作为目的地址再寄出；当 B 所在小区物业收到包裹后，拆开外层包装，看到里面包裹及 B 所在的楼号，把包裹再送到 B 完成一次交互。

IPv6-over-IPv4 的场景下主要采用 GRE 隧道技术和手动隧道两种方式。

1. IPv6-over-IPv4 GRE隧道技术

使用标准的 GRE 隧道技术，可在 IPv4 的 GRE 隧道上承载 IPv6 数据报文。GRE 隧道是两点之间的链路，每条链路都是一条单独的隧道。GRE 隧道把 IPv6 作为乘客协议，将 GRE 作为承载协议。所配置的 IPv6 地址是在隧道接口上配置的，而所配置的 IPv4 地址是隧道的源地址和目的地址（也是隧道的起点和终点）。

GRE 隧道主要用于两个边缘路由器或终端系统与边缘路由器之间定期安全通信的稳定连接。边缘路由器与终端系统必须实现双协议栈。

2. IPv6-over-IPv4手动隧道

手动隧道也是通过 IPv4 骨干网连接的两个 IPv6 域的永久链路，用于两个边缘路由器或者终端系统与边缘路由器之间安全通信的稳定连接。手动隧道的转发机制与 GRE 隧道一样，但它与 GRE 隧道的封装格式不同，手动隧道直接将 IPv6 报文封装到 IPv4 报文中，IPv6 报文作为 IPv4 报文的净载荷。

1.6.4　IPSec

每当谈到 IPv6 的安全性，一定会提到 IPSec 技术——互联网安全协议（Internet Protocol Security，IPSec），它是一个协议包，通过对 IP 的分组进行加密和认证来保护 IP 的网络传输协议族。IPSec 主要由以下协议组成：第一，认证头（AH），为 IP 数据包提供无连接数据完整性、消息认证以及防重放攻击保护；第二，封装安全载荷（ESP），提供机密性、数据源认证、无连接完整性、防重放和有限的传输流（Traffic-Flow）机密性；第三，安全关联（SA），提供算法、数据包，以及 AH、ESP 操作所需的参数。

IPv6 是 IETF 为 IP 分组通信制定的新的因特网标准，IPSec 在 RFC6434 以前是其中必选的内容，但在 IPv4 中则一直只是可选的。这样做的目的是，随着 IPv6 的规模部署，IPSec 可以得到更为广泛的应用。在 IPv6 中增加 IPSec 协议就是为了保证数据安全连接。作为下一代互联网开发的安全协议——IPSec 是 TCP/IP 协议族 IP 层唯一的安全协议，同时适用于 IPv4 和 IPv6，IPSec 在 IP 层提供了 IP 报文的机密性、完整性、IP 报文源地址认证以及有限的抗重播攻击能力。

IPSec 的安全特性主要有不可否认性、反重播性、数据完整性和数据可靠性。

1. 不可否认性

不可否认性可以证实消息发送方是唯一可能的发送者，发送者不能否认发送过消息。它是采用公钥技术的一个特征，当使用公钥技术时，发送方用私钥产生一个数字签名随消息一起发送，接收方用发送者的公钥来验证数字签名。由于理论上只有发送者才唯一拥有私钥，也只有发送者才可能产生该数字签名，所以只要数字签名通过验证，发送者就不能否认曾经发送过该消息。但不可否认性不是基于认证的共享密钥技术的特征，因为在基于认证的共享密钥技术中，发送方和接收方掌握相同的密钥。

2. 反重播性

反重播性确保每个 IP 数据包的唯一性，保证信息万一被截取复制后，不能再被重新利用、重新传输到目的地址。该特性可以防止攻击者截取破译信息后，再利用相同的信息包冒取非法访问权（即使这种冒取行为发生在数月之后）。

3. 数据完整性

数据完整性指传输过程中防止数据被篡改，确保发送数据和接收数据的一致性。IPSec 利用 Hash 函数为每个数据包产生一个加密检查摘要，接收方在打开数据包前先计算检查和，若数据包遭篡改导致检查和不相符，数据包即被丢弃。

4. 数据可靠性

在传输前，对数据进行加密，可以保证在传输过程中，即使数据包遭到截取，信息也无法被读出。该特性在 IPSec 中为可选项，与 IPSec 策略的具体设置相关。

第 2 章

02

IPv6 技术介绍 ▶

|2.1 IPv6 特性介绍|

2.1.1 IPv6 报文格式

1. IPv6报文基本头格式

IPv6 报文基本头格式如图 2-1 所示。

版本	流量级别	流标签	
载荷长度		下一个报头	跳数限制
源地址			
目的地址			

图2-1　IPv6报文基本头格式

（1）版本：4 bit，值为 6 表示 IPv6 报文。

（2）流量级别：8 bit，类似于 IPv4 中的 TOS 域。

（3）流标签：20 bit，IPv6 中新增。流标签可用来标记特定流的报文，以便在网络层区分不同的报文。转发路径上的路由器可以根据流标签来区分流并进行处理。由于流标签在 IPv6 报文头中携带，转发路由器可以不必根据报文内容来识别不同的流，目的节点也同样可以根据流标签识别流，同时由于流标签在报文头中，因此使用 IPSec 后仍然可以根据流标签进行 QoS 处理。

（4）载荷长度：16 bit，以字节为单位的 IPv6 载荷长度，也就是 IPv6 报文基本头以后部分的长度（包括所有扩展头部分）。

（5）下一个报头：8 bit，用来标识当前头（基本头或扩展头）后下一个头的类型。此域内定义的类型与 IPv4 中的协议域值相同。IPv6 定义的扩展头由基本头或扩展头中的扩展头域链接成一条链。这一机制下处理扩展头更高效，转发路由器只处理必须处理的选项头，提高了转发效率。

（6）跳数限制：8 bit，与 IPv4 中的 TTL 字段类似。每个转发此报文的节点对此域值减 1，如果此域值减到 0 则丢弃。

（7）源地址：128 bit，报文的源地址。

（8）目的地址：128 bit，报文的目的地址。

2. IPv6 报文扩展头格式

IPv6 报文扩展头格式如图 2-2 所示。

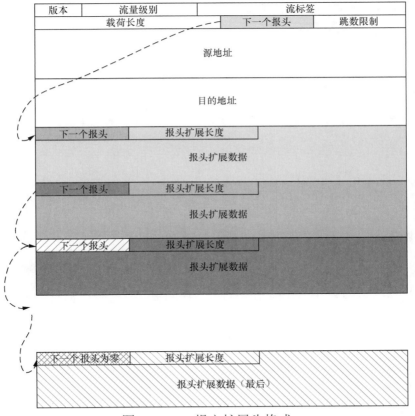

图2-2　IPv6报文扩展头格式

IPv6 选项字段是通过形成链式结构的扩展头支持的。IPv6 基本头后面可以有 0 到多个扩展头。IPv6 扩展头排列顺序如下。

（1）逐跳选项头

逐跳选项头：值为 0（在 IPv6 基本头中定义）。此选项头被转发路径所有节点处理。目前在路由告警（RSVP 和 MLDv1）与 Jumbo 帧处理中使用了逐跳选项头。路由告警需要通知到转发路径中的所有节点，需要使用逐跳选项头。Jumbo 帧是长度超过 65 535 字节的报文，传输这种报文需要转发路径中所有节点都能正常处理。

（2）目的选项头

目的选项头：值为 60，只可能出现在以下两个位置。

① 路由头前

此选项头被目的节点和路由头中指定的节点处理。

② 上层头前（任何 ESP 选项后）

此选项头只能被目的节点处理。移动 IPv6 中使用了目的选项头。移动 IPv6 中新增加一种类型的目的选项头（家乡地址选项）。家乡地址选项由目的选项头携带，用于移动节点离开家乡后通知接收节点此移动节点对应的家乡地址。接收节点收到带有家乡地址选项的报文后，会把家乡地址选项中源地址（移动节点的家乡地址）和报文中源地址（移动节点的转交地址）交换，这样上层协议始终认为是在和移动节点的家乡地址在通信，实现了移动漫游功能。

（3）路由头

路由头：值为 43，用于源路由选项和移动 IPv6。

（4）分片头

分片头：值为 44，此选项头在源节点发送的报文超过路径 MTU（源和目的之间传输路径的 MTU）时对报文分片时使用。

（5）验证头（AH 头）

验证头：值为 51，用于 IPSec，提供报文验证、完整性检查。定义和 IPv4 中相同。

（6）封装安全载荷头（ESP 头）

封装安全载荷头：值为 50，用于 IPSec，提供报文验证、完整性检查和加密。定义和 IPv4 中相同。

（7）上层头

上层头用来标识数据报中上层协议类型，如 TCP/UDP/ICMP 等。

目的选项头最多出现两次（一次在路由头前，另一次在上层协议头前），其他选项头最多出现一次。但 IPv6 节点必须能够处理选项头（逐跳选项头除外，它固定只能紧随基本头之后）的任意出现位置和任意出现次数，以保证互通性。

3. ICMPv6报文格式

ICMPv6 功能与 ICMPv4 类似。如图 2-3 所示，ICMPv6 用于 IPv6 节点报告报文处理过程中发生的错误以及完成其他层的功能，例如，诊断功能（ICMPv6 "Ping"）。ICMPv6 是 IPv6 的一部分，每个 IPv6 节点都必须实现。

图2-3　ICMPv6报文格式

ICMPv6 报文主要分为两类：差错报文和信息报文。

（1）差错报文

① 目的地不可达报文。

② 报文长度超大报文（用于路径 MTU 发现协议）。

③ 传输超时报文（相当于 IPv4 TTL 等于 0 时触发的 ICMP 报文）。

④ 参数错误报文。

（2）信息报文

① 回显请求报文。

② 回显应答报文。

2.1.2 IPv6 地址结构定义

1. IPv6地址表示

IPv6 地址包括 128 bit，使用由冒号分隔的 16 bit 的十六进制数表示。16 bit 的十六进制数对大小写不敏感。例如，FEDC:BA98:7654:3210:FEDC:BA98:7654:3210。

另外，对于中间比特连续为 0 的情况，还提供了简易表示方法——把连续出现的 0 省略掉，用"::"代替（注意"::"只能出现一次，否则不能确定到底有多少省略的 0），如下所示。

① 1080:0:0:0:8:800:200C:417A 等价于 1080::8:800:200C:417A。

② FF01:0:0:0:0:0:0:101 等价于 FF01::101。

③ 0:0:0:0:0:0:0:1 等价于 ::1。

④ 0:0:0:0:0:0:0:0 等价于 ::。

2. IPv6 地址前缀表示

和 IPv4 类似，IPv6 的子网前缀和链路关联。多个子网前缀可分配给同一链路。IPv6 地址前缀表示：ipv6-address/prefix-length。其中，ipv6-address 为十六进制表示的 128 bit 地址；prefix-length 为十进制表示的地址前缀长度。

3. IPv6 地址类型

RFC2373 为 IPv6 定义了多种地址格式，IPv6 地址大致分为单播地址、泛播地址和多播地址。与 IPv4 相比，IPv6 取消了广播地址类型，用更丰富的多播地址代替，同时增加了泛播地址类型。

（1）IPv6 单播地址

IPv6 单播地址标识了一个接口，由于每个接口属于一个节点，因此每个节点的任何接口上的单播地址都可以标识这个节点。发往单播地址的报文，由此地址标识的接口接收。每个接口上至少要有一个链路本地单播地址，另外还可分配任何类型（单播、泛播和多播）或范围的 IPv6 地址。

所有格式前缀不是多播格式前缀（1111 1111）的 IPv6 地址都是 IPv6 单播格式（泛播和 IPv6 单播格式相同）。IPv6 单播地址和 IPv4 单播地址一样可聚合。目前定义了多种 IPv6 单播地址格式，包括可聚合全球单播地址、NSAP 地址、IPX 层次地址、站点本地地址、链路本地地址和具有 IPv4 能力的主机地址（嵌入 IPv4 地址的 IPv6 地址）。广泛使用的是可聚合全球单播地址、站点本地地址和链路本地地址。

如图 2-4 所示，IPv6 单播地址由子网前缀和接口 ID 两部分组成。子网前缀由 IANA、ISP 和各组织分配。接口 ID 目前定义为 64 bit，可以由本地链路标识生成或采用随机算法生成以保证唯一性。

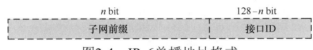
图2-4　IPv6单播地址格式

（2）IPv6 泛播地址

IPv6 泛播地址格式和 IPv6 单播地址格式相同，用来标识一组接口的地址。一般这些接口属于不同的节点。发往泛播地址的报文被送到这组接口中与其最近的接口（由使用的路由协议判断哪个是最近的）。IPv6 泛播地址的用途之一是标识属于同一提供因特网服务的组织的一组路由器。这些地址可在 IPv6 路由头中作为中间转发路由器，以使报文能够通过特定的一组路由器进行转发。另一个用途就是标识特定子网的一组路由器，报文只要被其中一个路由器接收即可。其中有些泛播地址是已经定义好的，如子网路由器泛播地址。

子网路由器泛播地址中的"子网前缀"域用来标识特定链路，如图 2-5 所示。发送到子网路由器泛播地址的报文会被送到子网中的一个路由器。所有路由器都必须支持子网泛播地址。子网路由器泛播地址用于节点需要和远端子网上所有路由器中的一个路由器进行通信（不关心具体是哪一个）。例如，一个移动节点需要和它的"家乡"子网上的所有移动代理中的一个路由器进行通信。

图2-5　子网路由器泛播地址格式

（3）IPv6 多播地址

IPv6 多播地址用来标识一组接口，一般这些接口属于不同的节点。一个节点可能属于 0 到多个多播组。发往多播地址的报文被多播地址标识的所有接口接收，如图 2-6 所示。注意：IPv6 多播中不使用跳数限制域（相当于 IPv4 的 TTL）。

8 bit	4 bit	4 bit	112 bit
11111111	Flags	Scope	Group ID

图2-6　IPv6多播地址格式

其中，11111111 占用 8 bit，标识此地址为多播地址；Scope 用来标记此多播组的应用范围；Group ID 标识多播组（可能是永久的，也可能是临时的，范围由 Scope 定义）。

目前 IPv6 永久分配的多播地址如表 2-1 所示。

表2-1　IPv6多播地址表

保留的多播地址	FF00:: ~ FF0F::	（共 16 个地址）
所有节点的多播地址	FF01:0:0:0:0:0:0:1	（节点本地）
	FF02:0:0:0:0:0:0:1	（链路本地）
所有路由器的多播地址	FF01:0:0:0:0:0:0:2	（节点本地）
	FF02:0:0:0:0:0:0:2	（链路本地）
	FF05:0:0:0:0:0:0:2	（站点本地）
被请求节点的多播地址	FF02:0:0:0:0:1:FFXX:XXXX	

上述地址通过被请求节点的单播或泛播地址形成：取被请求节点单播或泛播地址的低 24 bit，在前面增加前缀 FF02:0:0:0:0:1:FF00::/104 构成。例如，和 IPv6 地址 4037::01:800:200E:8C6C 对应的被请求节点的多播地址是 FF02::1:FF0E:8C6C。此地址用在 IPv6 邻居发现协议和邻居请求报文中，由于只有后 24 bit 单播地址相同的节点才会接收目的地址为此地址的报文，因此减少了通信流量（和 IPv4 ARP 相比）。

（4）IPv6 中特殊的地址

IPv6 中还规定了以下几种特殊的地址。

未指定的 IPv6 地址：格式 0::0。未指定的 IPv6 地址不能分配给任何接口，未分配 IPv6 地址的节点表示其没有 IPv6 地址。例如，一个节点启动后没有 IPv6 地址，发送报文时填充源地址全 0 表示自身没有 IP 地址。未指定的 IPv6 地址不能在 IPv6 报文头或路由头中作为目的地址出现。

IPv6 环回地址：格式 ::1。此地址与 IPv4 中的 127.0.0.1 类似，一般在节点发报文给自身时使用，不能分配给物理接口。IPv6 环回地址不能作为源地址使用，目的地址为 IPv6 环回地址的报文不能发送到源节点外，也不能被 IPv6 路由器转发。

（5）IPv4 与 IPv6 的兼容性

在 IPv6 地址框架内使用 IPv4 地址主要通过以下两种技术方式来实现。

IPv4 兼容的 IPv6 地址：如图 2-7 所示，这种地址在低 32 bit 携带 IPv4 地址，前 96 bit 全为 0，主要用在一种自动隧道技术，目的地址为这种地址的报文会被自动 IPv4 隧道封装（隧道的端点为自 IPv6 报文中的 IPv4 地址），由于这种技术不能解决地址耗尽的问题，已经逐渐被废弃。

图2-7　IPv4兼容的IPv6地址格式

IPv4 映射的 IPv6 地址：如图 2-8 所示，这种地址最前 80 bit 全为 0，中间 16 bit 全为 1，最后 32 bit 为 IPv4 地址。这种地址通过 IPv6 地址表示只支持 IPv4 的节点。在支持双栈的 IPv6 节点上，IPv6 应用发送目的报文是这种地址时，实际上发出的报文为 IPv4 报文（目的地址是"IPv4 映射的 IPv6 地址"中的 IPv4 地址）。

图2-8　IPv4映射的IPv6地址格式

（6）节点和路由器必须支持的 IPv6 地址

节点必须支持的 IPv6 地址包括自身接口的链路本地地址、分配的单播地址、环回地址、所有节点的多播地址、每个分配的单播或多播地址对应的被请求节点的多播地址、此主机所属的其他多播组地址。

路由器必须支持的 IPv6 地址包括节点必须支持的 IPv6 地址、接口配置为路由器接口的子网路由器的泛播地址、任何其他路由器配置的泛播地址、所有路由器的多播地址、此路由器所属的其他多播组地址。

2.1.3　IPv6 地址分配

1. 全球单播地址空间分配

互联网地址分配机构（IANA）负责 IPv6 地址空间的分配。目前 IANA 从整个可聚合全球单播地址空间（格式前缀为 001）中取 2001::/16 进行分配。

RFC2450 中描述了推荐的地址分配方式，如图 2-9 所示。

```
|  3  |   13   |    13   |      19      |    16   |        64 bit        |
+-----+--------+---------+--------------+---------+----------------------+
| FP  |  TLA   | Sub-TLA |    NLA       |  SLA    |        接口 ID       |
|     |  ID    |         |    ID        |  ID     |                      |
+-----+--------+---------+--------------+---------+----------------------+
```

图2-9　单播的推荐分配方式

其中，FP（格式前缀），对于可聚合全局单播固定为 001。TLA ID（顶级聚合标识符），此域由 IANA 分配给指定的注册机构。Sub-TLA（次顶级聚合标识符），此域由向 IANA 注册的机构为满足一定条件的组织分配，这些组织一般是具有一定规模的 ISP。NLA ID（下一级聚合标识符），此域由地址注册机构或其下分配了 Sub-TLA 的组织分配。SLA ID（站点级聚合标识符），此域一般为组织或企业内部进行子网划分使用。IANA 指定的注册机构则从地址空间 2001::/16 分配 /23 前缀，具体如下（见图 2-10）。

（1）2001:0200::/23 到 2001:0C00::/23 分配给亚太地区（APNIC）。

（2）2001:0400::/23 分配给美国（ARIN）。

（3）2001:0600::/23 到 2001:0800::/23 分配给欧洲、中东和中亚部分地区（RIPE NCC）。

图2-10　全球IPv6地址分配示意

这些注册机构从 IANA 得到的 /32 前缀的地址空间分配给 IPv6 ISP，IPv6 ISP 再从 /32 前缀中分配 /48 前缀给每个用户。/48 前缀的地址空间还可以进一步分为 /64

前缀的子网。这样每个用户最大可以有 65 535 个子网。为了限制 IPv4 地址分配初期的不合理分配方案，每个 ISP 必须同时满足下列条件才能获得 /32 前缀。

（1）部署外部路由协议。

（2）至少与 3 个 ISP 相连。

（3）至少有 40 个用户或至少在 12 个月内显示有意提供 IPv6 服务。

2. IPv6实验网络地址分配（6Bone）

6Bone 网络是全球范围的 IPv6 实验网络，使用 3FFE:0000::/16 前缀地址。每个伪顶级聚合分配 3FFE:0800::/28 范围内的 /28 前缀，最多支持 2048 个伪顶级聚合。处于末端的站点从上游提供者得到 /48 前缀，每个站点内还可细分为多个 /64 前缀。6Bone 网络按层次化结构分配地址，地址空间由 IANA 定义分配，分配方式在 RFC2921（6Bone 伪顶级聚合和网络层聚合格式）中定义。

| 2.2　IPv6 基本功能 |

IPv6 基本功能包括 IPv6 邻居发现协议（邻居发现、路由器发现、无状态地址自动配置、重定向）、IPv6 路径 MTU 发现协议以及 IPv6 域名解析。其中路由器发现和无状态地址自动配置是 IPv6 新增的功能，邻居发现功能类似于 IPv4 中的 ARP 功能，但做了改进和增强。

2.2.1　IPv6 邻居发现协议

IPv6 邻居发现协议使用 ICMPv6 消息和被请求节点的组播地址来得到同一网络（本地链路）上某个邻居的链路层地址，验证邻居的可达性，找到邻居路由器。每个 IPv6 节点都必须加入和单播与泛播地址对应的多播组。IPv6 邻居发现协议主要包括邻居发现、路由器发现、无状态地址自动配置、重定向。

1. 邻居发现

邻居发现功能和 IPv4 中的 ARP 功能类似，通过邻居请求和邻居通告机制实现。

（1）邻居请求

当一个节点需要得到同一本地链路上另外一个节点的链路本地地址时，就会发送邻居请求报文。此报文类似于 IPv4 中的 ARP 请求报文，不过使用多播地址而不使用广播，只有被请求节点的最后 24 bit 和此组播相同的节点才会收到此报文，降低了广播风暴的可能性。源节点使用目的节点的 IPv6 地址的最右 24 bit 形成相应的多播地址，然后在相应链路上发送 ICMPv6 类型为 135 的报文。目的节点在响应报文中填充其链路地址。为了发送邻居请求报文，源节点必须首先知道目的节点的 IPv6 地址。邻居请求报文也用来在邻居的链路层地址已知时验证邻居的可达性。

（2）邻居通告

IPv6 邻居通告报文是对 IPv6 邻居请求报文的响应。如图 2-11 所示，收到邻居请求报文后，目的节点通过在本地链路上发送 ICMPv6 类型为 136 的邻居通告报文进行响应。收到邻居通告报文后，源节点和目的节点可以进行通信。当一个节点的本地链路上的链路层地址改变时也会主动发送邻居通告报文。

图2-11　IPv6邻居发现示意

IPv6 邻居发现只要一次报文交互就可以互相学习到对方的链路层地址，而 IPv4

的 ARP 实现此功能需要两次报文交互，因此 IPv6 邻居发现的效率比较高。另外，IPv6 邻居发现是在 IP 层实现的，理论上可以支持各种传输媒介，这也是针对 IPv4 中的 ARP 改进的。

2. 路由器发现

路由器发现用来定位邻居路由器，同时学习和地址自动配置有关的前缀和配置参数。IPv6 路由器发现通过下面两种机制实现。

（1）路由器请求

当主机没有配置单播地址（例如，系统刚启动）时，就会发送路由器请求报文。路由器请求报文有助于主机迅速进行自动配置而不必等待 IPv6 路由器的周期性 IPv6 路由器通告报文。IPv6 路由请求也是 ICMP 报文，类型为 133。IPv6 路由器请求报文中的源地址通常为未指定的 IPv6 地址（0::0）。如果主机已经配置了一个单播地址，则此接口的单播地址可在发送路由器请求报文时作为源地址填充。IPv6 路由器请求报文中的目的地址是所有路由器的多播地址（FF02::2），作用域为本地链路。如果路由器通告是针对路由器请求发出的，则其目的地址为相应路由器请求报文的源地址。

（2）路由器通告

每个 IPv6 路由器的配置接口会周期性地发送路由器通告报文。在本地链路上收到 IPv6 节点的路由器请求报文后，路由器也会发送路由器通告报文。IPv6 路由器通告报文发送到所有节点的链路本地多播地址（FF02 ::1）或发送到路由器请求报文节点的 IPv6 单播地址。路由器通告为 ICMP 报文，类型为 134，包括是否使用地址自动配置、标记支持的自动配置类型（无状态或有状态自动配置）、一个或多个本地链路前缀——本地链路上的节点可以使用这些前缀完成地址自动配置、通告的本地链路前缀的生存期、是否发送路由器通告的路由器可作为缺省路由器，如果可以，还包括此路由器作为缺省路由器的时间（用秒表示）和与主机相关的其他信息，如跳数限制，主机发起的报文可以使用的 MTU。

本地链路上的 IPv6 节点接收路由器通告报文，并用其中的信息得到更新的缺省路由器、前缀列表以及其他配置，如图 2-12 所示。

图2-12　IPv6路由器通告示意

3. 无状态地址自动配置

通过使用路由器通告报文（和针对每一前缀的标记），路由器可以通知主机如何进行地址自动配置。例如，路由器可以指定主机是使用有状态（DHCPv6）地址自动配置还是无状态地址自动配置。主机收到路由器通告报文后，使用其中的前缀信息和本地接口 ID 自动形成 IPv6 地址，同时还可以根据其中的默认路由器信息设置默认路由器。使用无状态地址自动配置可以使 IPv6 节点很容易完成地址重新编址，降低了网络重新部署的复杂性。进行重新编址时，路由器通告报文中既包括旧的前缀也包括新的前缀。旧的前缀的生存期缩短，促使节点使用新的前缀，同时保证现有连接可以继续使用旧的前缀。其间，节点同时具有新旧两个单播地址。当旧的前缀不再使用时，路由器只通告新的前缀。

4. 重定向

和 IPv4 类似，IPv6 路由器发送重定向报文的目的仅限于把报文重新路由到更合适的路由器。收到重定向报文的节点随后会把后续报文发送到更合适的路由器。路由器只针对单播流发送重定向报文，重定向报文只发给引起重定向的报文的发起节点（主机），并被处理。

2.2.2　IPv6 路径 MTU 发现协议

IPv4 中也定义了路径 MTU 发现协议，不过是可选支持的。在 IPv6 中为了简化报文处理流程、提高处理效率，限定 IPv6 路由器不处理分片，分片只在源节点需要的时候进行。因此 IPv6 的路径 MTU 发现协议是必须实现的。IPv6 使用路径 MTU 发现得到源节点和目的节点之间的路径 MTU。源节点在发现报文前进行路径 MTU 发现处理。如果路径上的 MTU 不足以传输整个报文，则源节点分片后重新发送。

路径 MTU 发现协议使 IPv6 节点能够动态发现并调整以适合给定数据路径上的 MTU 变化。在 IPv4 中最小链路 MTU 值为 68 Byte（推荐最小值为 576 Byte），而在 IPv6 中最小链路 MTU 值为 1280 Byte（推荐最小值为 1500 Byte）。IPv6 基本头支持的最大报文长度为 64 000 Byte。更大的报文通过逐跳扩展头选项处理，具体流程如图 2-13 所示。

图2-13　IPv6路径MTU流程示意

2.2.3　IPv6 域名解析

原有的 IPv4 DNS（域名系统）由于应用假定地址查询只返回 32 bit 的 IPv4 地址，所以不能直接支持 IPv6，必须做部分扩展。IPv6 引入了新的 DNS 记录类型用于 IPv6 域名解析，同时支持正向解析（域名→地址）和反向解析（地址→域名）。

AAAA 记录：和 IPv4 中的 A 记录类似，此记录把主机名映射为 IPv6 地址。

PTR 记录：和 IPv4 中的指针记录类似，此记录把主机名映射为 IPv6 地址。

如图 2-14 所示，IPv6 顶级域的地址是 ip6.arpa：当节点需要得到另外一个节点的地址时，就会发送 AAAA 记录请求到 DNS 服务器，请求另外一个节点的主机名对应的地址。AAAA 记录只保留一个 IPv6 地址。如果一个节点有多个地址，则需要和多条记录对应。

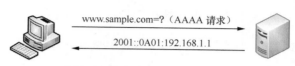

www.sample.com=?（AAAA 请求）

2001::0A01:192.168.1.1

图2-14　IPv6 DNS解析示意

为了在 IPv6 地址聚合和重新编址时能够很容易修改相应的 DNS 记录，新引入了以下记录类型。

（1）A6 记录（RFC2874）

IETF 使用的实验记录，A6 记录不在运营网络中使用。此记录与 AAAA 记录类似，但支持 IPv6 地址的层次存储以简化网络重新编址。

（2）DNAME 记录（RFC2672）

（3）二进制标签记录（RFC2673）

这些记录使重新编址对于反向映射（地址到主机名对应）更容易进行。

重新编址时，则所有节点必须改变它们的 IPv6 地址的前缀部分。如果重新编址网络使用了 DNS，则 DNS 记录中保存的地址信息也要随之更新。

| 2.3　IPv6 特点 |

IPv6 技术标准的制定充分总结了制定 IPv4 的经验以及互联网的发展和市场需求，IPv6 的定位更侧重于网络的容量、网络管理及安全性等性能。IPv6 是在 IPv4 的基础上进行优化的，在集成 IPv4 优点的同时，摒弃了它的缺点。IPv6 与 IPv4 是不兼容的，但它同所有其他的 TCP/IP 协议簇中的协议兼容，即 IPv6 可以完全取代 IPv4。同 IPv4 相比较，IPv6 在地址容量、安全性、网络管理、移动性以及服务质量等方面有明显的改进，是下一代互联网可采用的比较合理的协议。

2.3.1　地址管理

1. 地址空间扩大

极大的地址空间是 IPv6 最显著的特征。IPv6 的地址长度在原有 IPv4 的 32 bit 的基础上增加为 128 bit，是 IPv4 地址长度的 4 倍，IPv6 可以支持的地址数量为 2^{128}。这也就意味着地球表面平均每平方米可以分配到超过 1 mol（6.02×10^{23}）地址，即使 H[地址分配效率系数，$H=\log$（地址数 / 位数）] 保持在 0.22~0.26 的水平，也足够在可以预见的未来几十年内使用。地址长度的增加，并不仅仅是地址数量的增加，还对地址分配、自动配置和移动支持等方面带来质的提高。

2. 地址分配合理

IPv6 不必受地址资源限制而捉襟见肘，因为其广阔的地址资源使得在地址格式设计、地址分配等方面可以做到尽可能合理，并为不可预见的问题留有足够的余地。IPv6 地址分为单播、多播、任播 3 类，并为将来保留了 85% 的地址。根据 IPv6 单播地址作用范围的不同，又分为可聚合全球单播地址、链路本地地址和站点本地地址。此外，还有一些特殊地址也属于单播地址，如内嵌 IPv4 的 IPv6 单播地址，为 NSAP 和 IPX 保留的地址等。IPv6 取消了 IPv4 地址类的概念，64 位作为网络号，64 位作为主机号。网络号根据需要进一步划分，对地址格式做了详细定义，方便了聚类和路由，预留了一定地址位数以应付未能预见的问题。IPv6 地址为 ISP 所有，避免了 IPv4 地址用户所带来的地址浪费和 ISP 路由聚类困难。

3. 自动配置和移动支持

自动配置是 IPv6 的重要功能，主要分为无状态自动配置和有状态自动配置两种方式。一个节点只需要将自己链路层的 IEEE EUI-64 地址作为主机号，结合 ISP 提供的本地网络号，就能够通过 IPv6 的自动配置得到唯一的 IPv6 地址，实现"即插即用"。"即插即用"简化了网络管理和控制，使得移动网络 IPv6 比 IPv4 更容易实现和管理，同时移动网络 IPv6 还对代理联络和安全策略做了大量改进，邻居发现等新技术也对移动网络 IPv6 提供了强有力的支持。

2.3.2　改进报头

IPv6 是对 IPv4 彻底改革而不是修补的重要体现是，对数据报报头进行改进，这也是 IPv6 在其他方面重大改进的基础。IPv4 报头不定长且结构复杂，主机和路由器都难以提高处理效率。IPv6 简化了基本报头，降低了处理复杂度，并使用扩展报头提高适应性和扩展性。

1. 简化报头

IPv6 省去了 IPv4 报头中的部分字段以简化结构，IPv6 地址长度是 IPv4 的 4 倍，但报头长度只有 IPv4 的 2 倍。IPv6 的基本头部为固定长（40 Byte），无须头标长度标识。IPv6 只支持端点对端点分片，不再需要标识符、标志和偏移量字段。IPv6 取消了头标校验和字段，以简化对数据报报头的处理。

IPv6 对 3 个字段重新命名，并赋予新的含义。IPv4 数据报总长度由 IPv6 的有效载荷长度代替。IPv6 把协议类型字段重新命名为"下一个报头"，指明在 IPv6 基本报头后面报头的类型，它可能是一个扩展报头或数据净载荷。IPv6 中用跳数限制表示取代了 IPv4 的生存期概念。

2. 扩展报头

IPv6 的扩展报头模式借鉴了 IPv4 任选项，将报头中不是每个节点都用到的字段改为可选项处理，附加在基本报头后构成扩展报头。大多数 IPv6 扩展报头不受路由器的检查，从而提高了路由器的转发效率。目前 IPv6 已定义的可选扩展报头有：逐跳可选报头、接收端可选报头、选路可选报头、分段可选报头、验证可选报头、封装安全净载荷可选报头和上层协议可选报头。一个 IPv6 数据报可以根据需要携带零个、一个或多个扩展报头，提供了最大的灵活性。IPv6 扩展报头的结构类似于数据结构中的指针链表，基本报头和每一个扩展报头都包含下一个报头（Next Header）字段，每一个扩展报头都由特定的下一个报头值（Next Header Value）来确定。

2.3.3　改进路由

1. ICMPv6

ICMP 并不是 IP 层路由功能的一部分，但 IPv6 很多路由方面的新特征都依赖于 ICMP。IPv6 对 ICMP 做了大量改进，升级为 ICMPv6。ICMPv6 具备目前 ICMP 的基本功能，并综合了 IPv4 中分属不同协议完成的功能。多播收听者发现（MLD）用 ICMPv6 消息取代了 IPv4 所用的因特网组管理协议（IGMP），使得效率和安全性有了明显提高。

ICMPv6 实现的更重要的新功能是邻居发现协议（NDP）。NDP 是 IPv6 协议的一个基本功能，用来管理同一链路上节点间的通信。NDP 取代了数据链路层的 ARP，抑制了广播风暴，提高了安全性。NDP 能够完成邻居发现和路径 MTU，为 IPv6 的源主机分段提供信息。路由器通过 NDP 宣告邻接路由器转发数据报，通知发送端重定向，实现最佳路由。此外，NDP 还为自动配置提供网络前缀等参数，检测地址可达性和重复地址。

2. 从BGP-4到IDRP

IPv6 域间路由最大的改进在于 IDRP 替代了 BGP-4。由于边界网关协议（Border Gateway Protocol，BGP）对 32 位的 IPv4 优化程度相当高，很难为 IPv6 升级，因此 IPv6 所使用的外部网关协议以域间路由选择协议（Inter Domain Routing Protocol，IDRP）为基础。

IDRP 和 BGP-4 的主要区别如下。

（1）BGP 报文通过 TCP（传输控制协议）交换，IDRP 单元直接通过数据报来传递。

（2）BGP 是一个单地址族协议，IDRP 可以使用多种类型的地址。

（3）BGP 使用 16 位的自治系统编号，IDRP 使用变长的前缀来标识一个域。BGP 描述的是路径所通过的自治系统编号的完整列表，而 IDRP 能对这个信息进行聚集。

3. 源主机分片

IPv4 逐跳分片并不理想，增加了路由器的负担，一个分片的丢失会导致所有分片重传。IPv6 分片只发生在源节点，简化了报头并减少了路由器的分段开销。IPv6 要求各节点间 MTU 的最小值为 1280 Byte，兼顾了网络效率和旧设备成本，并要求所有节点支持路径 MTU 发现，根据链路状况选择最佳分段的大小。

通过以上路由方面的改进，再加上地址格式的变化和报头的简化，大大降低了主机和路由器的复杂性和负荷。据 Cisco 资料表明，在 Cisco 主流路由器中配置的 IPv4 内核为 2.17 MB，如计算存放路由表的工作区则升至 3.2 MB，而配置 IPv6 的内核时，其内核仅为 1.69 MB，加上工作区也不过为 2.7 MB，而且路由效率有明显提高。

2.3.4　安全机制

1. IPSec

IP 层最初没有考虑安全性方面，认证和保密都是由上层协议来完成的，很多黑客攻击就是利用了 IP 层这方面的不足。IPSec 协议族就是为在 IP 层实现安全性而设计的，IPv4 和 IPv6 都可以使用，不同的是，IPSec 必须加以修改或改进才能应用在 IPv4 中，而 IPSec 是 IPv6 的重要组成部分，IPv6 所有应用从一开始就具有这些安全特性。

2. AH和ESP

安全性一般有 3 个要求：身份认证、保密性和完整性，IPSec 的目标是实现前两个要求。RFC1826 定义了认证头部（Authentication Header，AH），RFC1827 定义了加密安全载荷（Encrypted Security Payload，ESP）。前者提供认证机制，通过认证过程保证接收者得到的数据报来源是可靠的，而且在传输过程中没有被偷换。后者使用密钥技术，保证只有合法的接收者才能读取数据报的内容。IPv6 使用扩展报头实现 AH 和 ESP。

3. 安全关联

认证和加密要求发送者和接收者就密钥、认证和加密算法以及一些附属特性达成一致。这套约定机制组成了发送者和接收者之间的一种安全关联。接收者在接收到数据报后，只有在能将其与一种安全关联的内容相关联时，才能对其进行验证和解密。所有的 IPv6 验证和加密数据报都带有安全参数索引。

4. 增强服务质量

IPv4 对不同的用户和应用都不加区分，采取尽力而为的传输方式，服务质量（Quality of Service，QoS）难以保证。而 IPv6 通过设置优先级、数据流标签等方式，对 QoS 特别是 VoIP 等实时数据流的传输提供了很好的支持。

（1）优先级

IPv6 报头的通信流类型（Traffic Class）可理解为优先级标识，数值越大，优先级越高。

IPv6 将业务分为两大类：阻塞控制业务和非阻塞控制业务，前者在网络阻塞时流量会降低，而后者不会变化，用于声音和视频传输。IPv6 为阻塞控制业务分配编号 0~7 的优先级，推荐电子邮件为 2，大量数据传输（如 FTP）为 4，交互式（如 Telnet）为 6。对于非阻塞控制业务，IPv6 根据媒体质量的不同分配编号 8~15 的优先级。

（2）流和资源预留

IPv6 增加了数据流标签，发送端将需要路由器特殊处理的数据报在数据流标签字段加以标识。数据流标签是 20 位的随机数，同一节点同一数据流所产生的数据报具有相同的数据流标签。

数据流标签还可以和路由选择扩展报头同时使用。为了更好地实现流传输，还开发了资源预留协议（RSVP）。RSVP 是一个接收者驱动（Receiver-Driven）协议。接收者通过发送 RSVP 报文选择接收源以及准备预留的带宽和费用等，达到最理想的效费比。

| 2.4 IPv6 和 IPv4 的对比 |

IPv6 作为 IETF 设计的用于替代 IPv4 的下一代互联网协议，IPv6 和 IPv4 的对比具体见表 2-2。

表2-2　IPv6和IPv4协议对比表

描述	IPv4	IPv6
地址	长度为32位（4个字节）。地址由网络和主机部分组成，这取决于地址类。根据地址的前几位，可定义各种地址类：A、B、C、D或E。IPv4地址的总数约为4 294 967 296 IPv4地址的文本格式为 $nnn.nnn.nnn.nnn$，其中 $0 \leq nnn \leq 255$，而每个 n 都是十进制数。可省略前导零。最大打印字符数为15个，不计掩码	长度为128位（16个字节）。基本体系结构的网络数字为64位，主机数字为64位。通常，IPv6地址（或其部分）的主机部分将派生自MAC地址或其他接口标识 根据子网前缀，IPv6的体系结构比IPv4的体系结构更复杂。 IPv6地址的文本格式为 $xxxx:xxxx:xxxx:xxxx:xxxx:xxxx:xxxx:xxxx$，其中每个 x 都是十六进制数，表示4位。可省略前导零。可在地址的文本格式中使用一次双冒号（::），用于指定任意数目的0位。例如，::ffff:10.120.78.40 表示IPv4映射的IPv6地址
地址分配	最初，按网络类分配地址。随着地址空间的消耗，用"无类别域间路由"（CIDR）进行更小的分配。没有在机构和地区或国家之间平均分配地址	分配尚处于早期阶段。IETF和IAB建议基本上为每个组织、家庭或实体分配一个/48子网前缀长度。它将保留16位供组织进行子网划分。地址空间足够大的，可为世界上每个人提供一个自己的/48子网前缀长度
地址生存期	通常，除使用动态主机配置协议（DHCP）分配的地址之外，此概念不适用于IPv4地址	IPv6地址有两个生存期：首选生存期和有效生存期，而首选生存期总是小于等于有效生存期。首选生存期到期后，如果有同样好的首选IP地址可用，那公该地址便不再用作新连接的源IP地址。有效生存期到期后，该地址不再用作人局信息包的有效目标IP地址或源IP地址
地址掩码	用于从主机部分指定网络	未使用
地址前缀	有时用于从主机部分指定网络；有时根据地址的表示格式写为 /nnn 后缀	用于指定地址的子网前缀。按照打印格式写为 /nnn（最多3位十进制数字，$0 \leq nnn \leq 128$）后缀。例如，fe80::982:2a5c/10，其中，前10位组成子网前缀

续表

描述	IPv4	IPv6
地址解析协议（ARP）	IPv4使用ARP来查找与IPv4地址相关联的物理地址(如MAC或链路地址)	IPv6使用互联网控制信息协议版本6（ICMPv6）将这些功能嵌入到IP作为无状态自动配置和邻点发现算法的一部分。因此，不存在类似于ARP6之类的东西
地址作用域	此概念不适用于单点广播地址。有指定的专用地址范围和回送地址，将该范围之外的地址假设为全局地址	在IPv6中，地址作用域是该体系结构的一部分。单点广播地址有两个已定义的作用域，包括本地链路和全局链路；而多点广播地址有14个作用域。为源和目标选择缺省地址时要考虑作用域 作用域区域是特定网络中作用域的实例。因此，有时必须输入IPv6地址或使它与区域标识相关联。语法是%zid，其中，zid是一个数字（通常较小）或名称。区域标识写在地址之后前缀之前，例如，2ba::1:2:14e:9a9b:c%3/48
地址类型	IPv4地址分为3种基本类型：单点广播地址、多点广播地址和广播地址	IPv6地址分为3种基本类型：单点广播地址和任意广播地址、多点广播地址
通信跟踪	通信跟踪是一个收集进入和离开系统的TCP/IP（及其他）信息包的详细跟踪资料的工具	同样支持IPv6
配置	新安装的系统必须在进行配置之后才能与其他系统通信，即必须分配IP地址和路由	根据所需的功能，配置是可选的。IPv6可与任何以太网适配器配合使用并且可通过回送接口运行。IPv6接口是使用IPv6无状态自动配置进行自我配置的，还可手动配置IPv6接口。这样，根据网络的类型以及是否存在IPv6路由器，系统将能与其他本地和远程的IPv6系统通信

续表

描述	IPv4	IPv6
域名系统（DNS）	应用程序使用套接字 API gethostbyname()接受主机名，然后使用 DNS 来获得 IP 地址 应用程序还接受 IP 地址，然后使用 DNS 和 gethostbyaddr()获得主机名 对于 IPv4，逆向查找域为 in-addr.arpa	同样支持 IPv6。使用 AAAA 记录类型和逆向查找（IP 的名称）支持 IPv6。应用程序可选择（是否）从 DNS 接受 IPv6 地址。然后（是否）使用 IPv6 进行通信 套接字 API gethostbyname()仅支持 IPv4。对于 IPv6，使用新的 getaddrinfo() API 以仅获取 IPv6 或获取 IPv4 和 IPv6 地址（在应用选择上） 对于 IPv6，用于逆向查找的域为 ip6.arpa，如果找不到，那么会使用 ip6.int（请参阅 API getnameinfo() 一获取套接字地址的名称信息，以获取详细信息）
动态主机配置协议（DHCP）	DHCP 用于动态获取 IP 地址及其他配置信息。IBM i 支持对 IPv4 使用 DHCP 服务器	通过 IBM i 实现的 DHCP 不支持 IPv6，但是，可以通过 ISC DHCP 服务器实现
文件传输协议（FTP）	FTP 允许通过网络发送和接收文件	同样支持 IPv6
片段	如果一个信息包对它要传送它的下一链路来说太大，那么可由发送方（主机或路由器）对其分段	对于 IPv6，只能在源节点进行分段，且只能在目标节点完成重新装配；使用分段扩展报头
主机表	将因特网网地址与主机名关联的可配置表，例如，127.0.0.1 用于回送。在开始 DNS 查找之前或者 DNS 查找失败之后（由主机名搜索优先级确定），套接字名称解析器将使用此表	同样支持 IPv6
IBM Navigator for i 支持	IBM Navigator for i 提供完整的 TCP/IP 配置解决方案	同样支持 IPv6
接口	概念性或逻辑实体，由 TCP/IP 用来发送和接收信息包，即使不以 IPv4 地址命名也始终与 IPv4 地址紧密关联，有时称为逻辑接口 可使用 IBM Navigator for i 以及 STRTCPIFC 和 ENDTCPIFC 命令彼此独立并独立于 TCP/IP 启动和停止此逻辑 IPv4 接口	同样支持 IPv6

续表

描述	IPv4	IPv6
互联网控制信息协议（ICMP）	由 IPv4 用来进行网络信息通信	与 IPv6 的使用情况类似；然而，ICMPv6 提供一些新的属性。保留了基本错误类型，如目标不可到达、回传请求和应答；添加了新的类型和代码以支持邻节点发现相关的功能
ICMP	ICMP 由 IPv4 路由器查找需要特定多点广播组通信的主机，并由 IPv4 主机向 IPv4 路由器通告现有的多点广播组侦听器	ICMP 在 IPv6 中由 MLD（多播侦听器发现）协议取代。MLD 执行 IGMP 对 IPv4 所执行的必要操作，但通过添加一些特定于 MLD 的 ICMPv6 类型值来使用 ICMPv6
IP 报头	根据提供的 IP 选项，有 20~60 个字节的可变长度	40 个字节的固定长度；没有 IP 报头选项。通常，IPv6 报头比 IPv4 报头更简单
IP 报头选项	IP 报头（在任何传输报头之前）可能附带各种选项	IPv6 报头没有选项；而 IPv6 添加了附加（可选）的扩展报头。扩展报头包括 AH 和 ESP（和 IPv4 一样）、逐跳扩展、路由、分段和目标。目前，IPv6 支持一些扩展报头
IP 报头协议字节	传输层或信息包含有效负载的协议代码，例如，ICMP	报头类型紧跟在 IPv6 报头后面。使用与 IPv4 协议字段相同的值。此结构的作用是允许以后的报头使用当前定义的值的范围并且易于扩展。下一个报头是传输报头、扩展报头或 ICMPv6
IP 报头"服务类型"字节	由 QoS 和差别服务指定通信类	但使用不同的代码来指定 IPv6 流量类。目前，IPv6 不支持 TOS
LAN 连接	LAN 连接由 IP 接口到达物理网络，存在许多类型，例如，令牌环和以太网。有时，它被称为物理接口、链路或网络线路	IPv6 可与任何以太网适配器配合使用并且可通过虚拟以太网在逻辑分区间使用
第 2 层隧道协议（L2TP）	可将 L2TP 看作是虚拟 PPP，并通过任何支持的线路类型工作	同样支持 IPv6

续表

描述	IPv4	IPv6
回送地址	回送地址是地址为127.*.*.*（通常是127.0.0.1）的接口，只能由节点向自身发送信息包。该物理接口（线路描述）被命名为 *LOOPBACK	与IPv4的概念相同。单个回送地址为 0000:0000:0000:0000:0000:0000:0000:0001 或 ::1（简短版本）。虚拟物理接口被命名为 *LOOPBACK
MTU	链路的MTU是特定链路类型（如以太网或调制解调器）支持的最大字节数。对于IPv4，最小值一般为576	IPv6的MTU下限为1280个字节，也就是说，IPv6不会在低于此比极限时对信息包分段。要通过字数小于1280的MTU链路发送IPv6，链路层必须以透明对分式对IPv6信息包进行分段及合并
Netstat	Netstat是一个用于查看TCP/IP连接、接口或路由状态的工具。在使用IBM Navigator for i 和字符界面时可用	同样支持IPv6
网络地址转换（NAT）	集成到TCP/IP中的基本防火墙功能，是使用IBM Navigator for i 配置的	目前，NAT不支持IPv6。通常，IPv6不需要NAT。IPv6扩展了地址空间，解决了地址短缺问题并使重新编号变得更加容易
网络表	IBM Navigator for i 上一个将网络名称与掩码的IP地址相关联的可配置表。例如，主机网络14与IP地址1.2.3.4	对于IPv6，目前此表不变
节点信息查询	不存在	一种简易的网络工具，其工作方式应类似于Ping，只是内容不同：IPv6节点可查询目标DNS名称的另一个IPv6节点，IPv6单点广播地址或IPv4地址。目前不支持
开放式最短路径优先协议（OSPF）	OSPF是在优先于RIP的较大型自治系统网络中使用的路由器协议	同样支持IPv6
信息包过滤	信息包过滤是集成到TCP/IP中的基本防火墙功能。它是通过IBM Navigator for i 配置的	信息包过滤不支持IPv6

续表

描述	IPv4	IPv6
信息包转发	可将 IBM *i* TCP/IP 堆栈配置为转发其接收到的非本地 IP 地址的 IP 信息包。通常，入站接口和出站接口各自连接到不同的 LAN	信息包转发对 IPv6 的支持有限。IBM *i* TCP/IP 堆栈不支持 IPv6 但支持作为路由器而执行的邻节点发现
Ping	Ping 是测试可达性的基本 TCP/IP 工具。在使用 IBM Navigator for *i* 和字符界面时可用	同样支持 IPv6
点到点协议（PPP）	PPP 支持基于各种调制解调器和线路类型的拨号接口	同样支持 IPv6
端口限制	IBM Navigator for *i* 允许用户配置已选择的 TCP 或用户数据报协议（UDP）端口号或端口号范围，以便只对特定概要文件可用	IPv6 的端口限制与 IPv4 的端口限制完全相同
端口	TCP 和 UDP 有独立的端口空间，分别由范围为 1~65 535 的端口号标识	对于 IPv6，端口的工作与 IPv4 相同。因为它们处于新地址系列，现在有 4 个独立的端口空间。例如，有应用程序可绑定的两个 TCP 端口 80 空间，一个在 AF_INET 中，另一个在 AF_INET6 中
		IPv6 有类似的概念，但还有重要差别
专用地址和公用地址	除由 IETF RFC1918 指定为专用的 3 个地址范围 10.*.*.*（10/8）、172.16.0.0 至 172.31.255.255（172.16/12）和 192.168.*.*（192.168/16）之外，所有 IPv4 地址都是公用的。专用地址域通常在组织内部使用。专用地址不能通过因特网路由	地址是公用的或临时的，先前称为匿名地址。请参阅 RFC3041。与 IPv4 专用地址不同，临时地址可进行全局路由。动机也不一样：IPv6 临时地址要在它开始通信时暂时屏蔽其客户机的身份（涉及隐私）。临时地址的生存期有限。日本包含是链路（MAC）地址的接口与公用地址没有区别
		IPv6 具有受限地址作用域的概念，它由设计的作用域指定（请参阅地址作用域）

续表

描述	IPv4	IPv6
协议表	在 IBM Navigator for i 中，协议表关联号是将协议名称与其分配的协议号关联（例如，将 UDP 与 17 关联）的可配置表。随系统交付的只有少量的项：IP、TCP、UDP 和 ICMP	该表可与 IPv6 直接配合使用而不需要更改
QoS	QoS 允许为 TCP/IP 应用程序请求信息包优先级和带宽	目前，通过 IBM i 实现的 QoS 不支持 IPv6
重新编号	重新编号通过手工重新配置完成，可能存在 DHCP 的例外情况。通常，对于站点或组织，重新编号是尽可能避免复杂且烦琐的过程	重新编号是 IPv6 的一个重要结构元素，特别是在 /48 前缀中已很大限度上实现自动化
路由	从逻辑上讲，是一组 IP 地址（可能只包含 1 个）的映射，这些 IP 地址映射为物理接口下一中继段 IP 地址。使用该线路将其目标地址定义为该组的一部分的 IP 信息包转发至下一中继段。IPv4 路由与 IPv4 接口关联，因此，它是一个 IPv4 地址 缺省路由为 *DFTROUTE	从概念上讲，与 IPv4 类似。一个重要的差别是：IPv6 路由与物理接口（链路，如 ETH03）而不是接口相关联（绑定）。路由与物理接口相关联的功能不同，具体请参阅源地址选择
路由信息协议（RIP）	RIP 是路由守护程序支持的路由协议	目前，RIP 不支持 IPv6
服务表	IBM i 上的一个可配置表，它将服务名称与端口和协议关联（例如，将服务名称 FTP 与端口 21、TCP 及用户数据报协议（UDP）关联） 服务表中列出了大量众所周知的服务。许多应用程序使用此表来确定要使用哪个端口	对于 IPv6，此表不变
简单网络管理协议（SNMP）	SNMP 是一个用于系统管理的协议	同样支持 IPv6

续表

描述	IPv4	IPv6
套接字 API	应用程序通过 API 来使用 TCP/IP。不需要 IPv6 的应用程序不受为支持 IPv6 所做的套接字更改的影响	IPv6 使用新的地址系列：AF_INET6 增强了套接字以便应用程序现在可使用 IPv6 设计了这些增强以便现有的 IPv4 应用程序完全不受 IPv6 和 API 更改的影响。希望支持并发开发 IPv4 和 IPv6 通信或纯 IPv6 通信的应用程序可以容易地适应使用 IPv4 映射的 IPv6 地址格式 ::ffff:a.b.c.d，其中，a.b.c.d 是客户机的 IPv4 地址 新的 API 还支持从文本至二进制及从二进制至文本的 IPv6 地址转换 有关 IPv6 的套接字增强的更多信息，请参阅使用 AF_INET6 地址系列
源地址选择	应用程序可指定源 IP [通常，使用套接字 bind（）]。如果它绑定至 INADDR_ANY，就根据路由来选择源 IP	与 IPv4 一样，应用程序可使用 bind（）指定源 IPv6 地址。和 IPv4 类似，它可通过使用 in6addr_any 让系统选择 IPv6 源地址。但是，因为 IPv6 线路有许多 IPv6 地址，所以选择源 IP 的内部方法不同
启动和停止	请使用 STRTCP 或 ENDTCP 命令来启动或结束 IPv4。当运行 STRTCP 命令来启动 TCP/IP 时，IPv4 始终处于启动状态	请使用 STRTCP 或 ENDTCP 命令的 STRIP6 参数来启动或结束 IPv6。当 TCP/IP 已启动时，IPv6 可能未启动。稍后，可独立启动 IPv6 如果用 AUTOSTART 参数设置为 *YES（缺省值），那么任何 IPv6 接口都会自动启动。IPv6 必须与 IPv4 配合使用或配置。当启动 IPv6 时，会自动定义并激活 IPv6 回送接口 ::1

续表

描述	IPv4	IPv6
Telnet	Telnet 允许登录并使用远程计算机，就好像直接与其连接一样	同样支持 IPv6
跟踪路由	跟踪路由是进行路径确定的基本 TCP/IP 工具。在使用 IBM Navigator for i 和字符界面时可用	同样支持 IPv6
传输层	TCP、UDP 和 RAW	IPv6 中存在相同的传输
未指定地址	顾名思义，未定义的地址。套接字编程将 0.0.0.0 用作 INADDR_ANY	定义为 ::/128（128 个 0 位）。它在某些邻节点发现信息包和各种其他的上下文（如套接字）中用作源 IP。套接字编程将 ::/128 用作 IN6ADDR_ANY
虚拟专用网络（VPN）	VPN（使用 IPSec）允许在现有的公用网络上扩展安全的专用网络	同样支持 IPv6

| 2.5 IPv6 技术特点分析 |

　　总体来说，IPv6 相对于 IPv4 的优势和特点最根本的还是极大的地址空间数量，地址空间数量的增加意味着在地址规划设计和地址分配有更多的自定义前缀可供使用。举个简单的例子，原先对于某个企业在进行地址分配时，由于 IPv4 地址前缀有限，通常只能按照楼层或者部门分配，而使用 IPv6 时有更多的地址前缀，可以从楼层、部门、业务和终端类型等多种维度综合设计地址分配方案，便于后期的地址分类和层级管理。

　　现有的 IPv4 网络中大规模应用 NAT 技术，在网络接入层存在大量私网。前文提到过，由于使用 NAT 技术虽然从一定限度上解决了地址资源有限的问题，但是私网地址的存在又导致了很多其他的问题，例如，NAT 技术屏蔽了用户的真实地址，很多需要准确知道用户身份的应用难以开展；端到端的保障网络服务质量无从谈起，用户躲在 NAT 后无法做流媒体穿越将影响 CDN 的效果；地址转换无法对用户溯源，对网络安全有不利影响等。通过 IPv6 规模部署，其海量地址资源可以为网络中每个终端提供唯一的公网地址。从互联网企业角度分析，没有 NAT 的地址转换环节，采用 IPv6 传递服务在下载时间方面改进用户体验，同时纯 IPv6 的数据中心能降低运维的复杂性。随着互联网和移动互联网的发展，互联网应用和网页内容服务中对用户的精准定位、差异化服务对提升用户体验会起到极大的作用，通过基于 IPv6 网络协议的研发同样因为减少 NAT 环节，降低程序和应用的复杂性，提高开发效率，因此全球超过 80% 的桌面 OS 和全部移动智能终端 OS 已经能够完美支持 IPv6，并且 Android、iOS 实现了双栈环境下 IPv6 访问优先。苹果公司在 WWDC 2015 宣布于 2016 年 6 月 1 日之后发布的应用必须支持纯 IPv6 的网络环境，否则 APP 不上架苹果商店。

　　虽然 IPv6 技术本身具有 IPSec、AH 和 ESP 等安全机制，但是从国家和监管层面，更关注的是整体互联网安全及监管，IPv6 规模部署更大限度是由于便于溯源的特点，通过规范的地址规划和分配，IPv6 丰富的地址资源有可能为每个用户和终端配置独一无二的地址，在提供端到端的服务及精细化的管理之外，也为互联网安全监管提供了技术基础。例如，美国国防部和美国政府从资金和强制要求两方面引领美国 IPv6 的发展，美国还建立了 USGv6 发展监控项目，长期对政府、高校、企业网站和 DNS 进行监测。从整体上看，IPv4 协议的设计没有任何的安全考虑，特别是报文地址的伪造与欺骗使得无法对网络进行有效的监管和控制。因此，当出现网络攻击与安全威胁时，我们只能围绕攻击事件做好事前、事中和事后的防范、检测和过滤防御，缺乏有效的技术支撑手段，无法对攻击者形成真正的打击和管控。但是在 IPv6 规模部署后，在网络安全机制上提供了新的解决思路，IPv6 网络的安全体系下，用户、报文和攻击可以一一对应，用户对自己的任何行为都必须负责，具有不可否认性，所以 IPv6 建立起严密的围绕攻击者的管控机制，实现对用户行为的安全监控。这种模式的转变，简单说就是从原先的被动防御网络攻击，逐步转变成让不法之徒不敢攻击，并不是说通过使用 IPv6 网络后就一定没有网络攻击，但是身份唯一、不可否认性和利于溯源的特点，会提高网络攻击的技术成本和犯罪被追溯的风险，当付出的代价大于网络攻击的获利时，就可以减少网络攻击的事件，提高网络的整体安全性。

另外，传统网络攻击者通过地址扫描识别用户的地理位置和发现漏洞并入侵，目前的技术可实现在 45 分钟内扫描 IPv4 的全部地址空间，但是在 IPv6 的海量地址范围内，每一个 IPv6 地址是 128 位，假设网络前缀为 64 位，那么在一个子网中就会存在 2^{64} 个地址，假设攻击者以每秒百万地址的速度扫描，需要 50 万年才能遍历所有的地址，无疑将显著提升网站与用户终端设备的安全。但这并不妨碍政府监管部门用扫描技术发现违法网站，在完善的 IPv6 地址登记和备案制度下，监管部门能够知道哪些地址是已经分配的，只扫描已分配的地址空间而不是全部的 IPv6 地址空间，因此并不会对主动扫描带来太大麻烦。当然在推动 IPv6 规模部署的同时会有很多质疑的声音，质疑加强网络的可追溯与监管和互联网创建支出提出的自由理念相冲突，长久使用 NAT 技术使我们落入了私有地址的陷阱难以自拔，不仅互联网普通用户，很多政府、企业专网也都觉得 NAT 技术的使用会对内网的重要资源提供更好的防护。但是大家都经历过论坛、移动电话、微博、微信等互联网产品的实名认证，当实行之初也都面对大量的互联网自由斗士的反对声音，但是经过时间的证明，我们发现这些实名认证并没有给我们使用这些产品带来不便，在地址定位和精准个人分析后，我们反而获得了更多的个性化服务。

同样在互联网环境下绝大多数使用者并不是出于攻击和破坏的目的来使用互联网，加强网络的监管从一定程度上来说大家都是获益者，并且 IPv6 提供的 NPT（Network Prefix Translation）（RFC6296）协议可以实现 IPv6 地址的一对一映射，达到政府及企业内部核心资源隐藏内部 IPv6 地址的效果，对普通用户来说，IPv6 通过 IPSec 技术提供了端到端的数据安全加密，不用担心传输信息在网络中泄露。在早期，中国推进 IPv6 的过程中也出现过针对 IPSec 技术的争议，过分担心采用 IPSec 内容过滤困难，然后随着互联网的演进和信息化技术的发展，加密已经成为互联网发展的趋势，IPSec 因 TLS/SSL 加密协议的出现而失去了存在的必要性，IPSec 没有对 IPv6 的监管带来比 IPv4 更大的麻烦。

下面来简单介绍 IPv6 技术是如何有效地提供网络安全能力，IPv6 技术提供的海量地址有利于更合理、更多维度地进行地址规划，在实际分配过程中，按照规划严格规范地进行 IPv6 地址分配同时为信息安全保障提供了基础，前文提到 IPv6 更多的地址前缀实现了可按照区域、业务类型甚至用户类型进行地址分配，能精准追溯特定 IP 地址、专线、IDC 和云计算地址，可实行服务类型区域管制、精细化侦测与防护及监控。另外，IPv6 巨大的地址资源为实现真实源地址验证提供了可能性，在 IPv4 网络中，因地址有限，国内运营商对上网用户采用动态分配地址方式，地址与身份不关联，用户的家庭网关通电后自动向运营商的宽带认证服务器（BRAS）申请 IP 地址，宽带认证服务在后台 AAA 核实了用户身份信息后，在设备地址池随机为用户分配 IP 地址，每个 BRAS 配置的地址数量是通过登录该设备的瞬时峰值用户数确定的，与注册在该设备的所有用户数量并不匹配，所以无法为每个用户提供唯一不变的地址，这也是由国内运营商在 IPv4 网络中拥有的公网地址有限决定的，因此需要投入巨大的成本和技术手段对用户进行管理和溯源。而在 IPv6 网络中，地址资源可为每个固定用户分配地址，用户上网实名制，在 IPv6 地址中通过算法嵌入可扩展的用户网络身份标识信息，关联真实用户的身份信息，构建 IPv6 地址生成、管理、分配和溯源的一体化 IPv6 地址管理和溯源系统。在终端身份证明的过程中，IPv6 提出了新的地址生成方式——密码生成地址。密码生成地址与公 / 私钥对绑定，保证地址不能被他人伪造。这如同汽车的车牌印上了指纹，别人不可能伪造这样的车牌，因为指纹造不了假。在 IPv6 协议设计之初，IPSec（IP Security）协议族中的 AH 和 ESP 就内嵌到协议栈中，作为 IPv6 的扩展头出现在 IP 报文中，提供完整性、保密性和源认证保护，这无疑是从协议设计上较大地提升了安全性。

第 3 章

03

IPv6 过渡技术 ▶

| 3.1　IPv6 改造的基本概念 |

在开始讲 IPv6 过渡技术之前，需要先简单了解目前中国发布《推进互联网协议第六版（IPv6）规模部署行动计划》的背景下，各中央企业、政府及运营商都有明确的推进 IPv6 改造工作目标和进度计划。前文介绍了很多中国和世界范围内的 IPv6 推广进度，但是具体到各企业实体、政府部门、运营商在推进工作中应该如何进行 IPv6 的改造工作呢？很多企事业单位、政府部门信息化主管部门人员在第一次听到推进 IPv6 部署要求后，都会十分困惑，毕竟 IPv6 的技术概念太多，之前的各种 IPv6 技术推广都将 IPv6 作为国家的战略发展需要，不知从何处入手。

首先，IP 地址的作用是 IP 提供的一种统一的地址格式，它为互联网的每一个网络和每一台主机分配一个逻辑地址，以此来屏蔽物理地址的差异。网络中的 A 主机需要与 B 主机建立通信，需要知道对方在网络中的地址，发送数据信息。以图 3-1 所示的快递单为例，在包裹外层都会贴一张快递单据，需要填写寄件人地址和收件人地址，这样邮局和快递人员才知道从哪里取包裹，然后送给谁。

图3-1　EMS快递单据

互联网通信也是同一道理，互联网通信建立的基本元素是互联网中收发的两个终端和终端之间的通信手段。随着时代的进步和科技的发展，我们从传统的 PC 端和 PC 端之间人与人的通信，演进到用户访问中心服务器的人与物的通信，再到物联网、人工智能技术的发展后台控制前端传感设备的物与物之间的通信。所以我们提到 IPv6 改造时，需要意识到这是一个端到端的系统工程，如图 3-2 所示。

图3-2　IPv6改造是一个端到端的系统工程

因此当我们在面对企业内网、对外服务网站、互联网数据中心（IDC）等 IPv6 改造工程时，需要第一步从从业需求出发，调研在这个通信场景中需要建立谁与谁的通信，以及通信中采用承载的网络介质是什么的问题，见图 3-3。

图3-3　日常通信场景流程示意

图 3-3 所示为一个典型的互联网访问流程，也是我们日常最常用的互联网通信方式。终端用户通过家庭网关接入到运营商的接入网，移动互联网访问则是用户手机通过无线基站接入，数据流在通过运营商接入网 / 城域网汇聚后，通过运营商的骨干网络传输至各数据中心及云服务提供商，最终到达数据中心 / 云内部各种 Web 内容或者应用服务器建立通信连接。如果需要对这个通信过程进行 IPv6 的改造建设，涉及的部分内容如下。

（1）终端操作系统：PC 操作系统，手机操作系统支持 IPv6 地址配置。

（2）终端网络：家庭网关需要支持 IPv4/IPv6 双栈，移动终端支持 IPv6 地址获取。

（3）固定网络：城域网通过 IPv4/IPv6 双栈支持 IPv6 承载，接入网通过双栈接入。

（4）移动网络：移动核心网通过 IPv6 升级改造支持移动终端的 IPv4/IPv6 双栈接入。

（5）骨干网络：骨干路由器升级支持双栈，启用 ISISv6 和 BGP4+ 支持 IPv6 路由。

（6）数据中心：数据中心网络升级支持双栈。

（7）内容 / 应用系统：系统改造支持 IPv6 的对外地址发布和访问识别。

在整个过程中，操作系统提供商（Windows、iOS、Android 等）终端制造商（PC、手机制造商等）、电信运营商（中国电信、中国移动、中国联通）及其软硬件厂家（路由器数据通信设备、核心网设备、基站设备制造商和相关网络支撑系统软件服务商）、大型互联网中心提供商 / 云服务提供商（阿里云、腾讯云、政务云等）及数据中心内部软硬件厂家，内容及应用软件提供商（手机 APP、Web 网页等）都在一定程度上需要进行相应的开发和改造来适配互联网中的 IPv6。目前，国内主流的三家电信运营商基本已经实现了基础承载网（包括固网接入网、移动回传网络、城域网、骨干网）的 IPv6 改造，部署的路由器等设备都支持双栈。因此对于政府部门或者企事业单位在进行 IPv6 的改造过程中，应重点关注的是自身信息化平台及其部署的数据中心对 IPv6 的支持，当然对 IPv6 技术改造后需要进行相应的 IPv6 地址规划分配及相应的网络安全优化升级。

| 3.2 IPv4 到 IPv6 的过渡阶段 |

纵观世界各国 IPv6 技术发展及规模部署的过程，可以发现对于 IPv6 的推进不可能一蹴而就，也不可能很快新建一整套 IPv6 网络取代原有的 IPv4 网络及系统。在数十年前，当大家意识到 IPv4 公有的 IP 地址资源即将用尽时，就提出了 IPv6

的标准和概念，但是在当时的现网中如果做到了 IPv6 支持，新的网络何时过渡、迁移，以及如何具体实施都是各国政府和运营商需要面对的问题。在 IPv6 的部署中，有两种解决对策，一种是短期的，另一种是长期的。实际上是选择继续延续现有的 IPv4 技术架构，还是过渡到一个新的 IPv6 技术架构。如果选择延续 IPv4，例如，继续采用 NAT 等手段和方式可能在短期内能实现一定的价值和利益，但是长期来说可能会带来更大的弊端。可能过渡到 IPv6 非常不容易，但是长远来说具有非常大的价值。实际上这是产业链的运作，从某种角度来说这是不以人的意志为转移的。

如图 3-4 所示，通过研究全球一些大的典型性的国家和地区，甚至是大的运营商，在 IPv6 的演进过程中，都会经历在 IPv4 网络的基础上部署 IPv6 协议，使得 IPv4 和 IPv6 网络处于一个平等的地位，然后逐步地完成 IPv4 到 IPv6 的过渡，最后完成整个互联网部署一个新的 IPv6 架构。

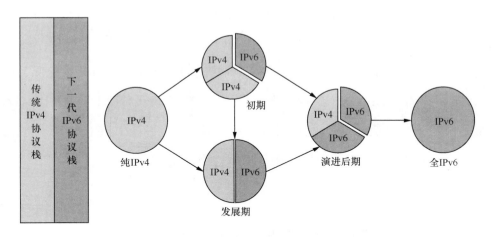

图3-4　IPv4到IPv6的演进过程

所以在整个 IPv6 网络演进的过程中，都有一个 IPv4 和 IPv6 长时间的共存期，所以我们也称之为 IPv6 过渡期。为什么会存在这么长时间的过渡期，原因主要有两点，一是在网络向 IPv6 演进的过程中，没有一种方案可以解决所有的场景。针对不同的运营商和不同的场景，包括它对于未来的技术发展的方向和网络成熟度会有不同的方案。从业务的连续性考虑，现有的 IPv4 网络还有很大的存在必要性。二是保证网络先期的投资，无论是运营商、政府，还是互联网企业，不大可能不顾现有的网络和系统资源，突然推倒重来。举个简单的例子，某企业的业务应用系统，由于业务发生变化，使用该系统的用户正在逐步萎缩，如果这个时候突然强行对系统进行 IPv6 改造，势必需要原软件服务商重新调整应用系统架构支持 IPv6 用户的访问，改造需要的成本很可能大于系统的残余价值。中国现存的各种软硬件设备、系统还有大部分仅仅支持 IPv4 协议，对这些老旧设备系统的 IPv6 升级改造将极大地降低投资效益。

前文 IPv6 在中国的发展历程中提到过，2012 年 IPv4 顶级地址（Top-Level）耗尽时，中国开始积极推进 IPv6 技术，但数十年间主要依靠运营商主导 IPv6 的技术研究和部署推广，当然也取得了一些成效，然而仅仅通过运营商来推动 IPv6 的发展，这个工作量是非常大的和任务也是很艰巨的。前面解释了 IPv6 技术的部署是一个端到端的过程，涉及了终端、设备、网络、云平台、应用系统一整个庞大的产业生态链，运营商在其中主要解决链路通道的问题，由运营商主导的 IPv6 演进只能通过一个网络技术来实施。

另外，单单靠运营商和数据通信设备厂家推动的 IPv6 的技术研究从产业链上来看无法持续。首先，IPv6 的推进是一个全程全网的概念，运营商主营的基础承载网只是提供 IPv6 的承载部分，内容 / 应用服务器及终端用户对 IPv6 的支持才是推进IPv6 技术的关键因素。IPv6 产业链分析如图 3-5 所示。

图3-5　IPv6产业链分析

IPv6 产业链除考虑单纯的业务需求导向外，还需要考虑外部环境中政府、科研技术的影响力。政府高度重视下一代互联网战略，促进整个产业链的逐步成熟。虽然当时 NGI 有成立新专家组，将研究下一步思路和目标，但推动力和效果仍具有较多不确定因素。在相当长的一段时间内整个产业链支持有限，业务应用种类繁多，只有少数应用宣称支持 IPv6；客户端应用软件部分已支持 IPv6，除 IE、Media Player、FTP 外，多数软件尚未支持；PC 和大部分操作系统都支持，手机终端（芯片）尚未支持。迁移过程运营商不可控，如果缺少国家和产业政策的推动，应用软件较长时间不升级或没有升级的驱动力。在这个过程中，终端制造商、云服务提供商、应用软件提供商都持观望态度，正是由于当时缺少政策的强力扶持，中国的 IPv6 推进工作反而陷入胶着状态。反观全球其他国家（地区）的 IPv6 部署及规模推广从 2014 年起明显提速，开始缩短 IPv4 到 IPv6 的过渡期，例如，微软曾经在 2011 年以每个 IPv4 地址 11.25 美元的价格购买了 66.6 万个 IPv4 地址，然后考虑到双栈的运行太复杂，管理双栈网络的成本太高，微软公司内部已经关掉 IPv4 只运行 IPv6。同样 T-Mobile USA 已经关掉 IPv4 的服务，成为全球首个纯 IPv6 的移动通信运营商。Google、Facebook 等大型互联网企业也逐步转向 IPv6 优先，引导用户使用支持 IPv6 的终端进行访问。

| 3.3　IPv6 过渡技术 |

从 IPv6 的引入到普及，其过渡阶段的具体内容如下。

（1）IPv4 NAT 及 NAT444 IPv4 的 NAT 解决方案是暂时缓解 IPv4 地址消耗的有效途径，并已被广泛使用。NAT 可以使用端口复用，这样一个用户（或一个单位、部门）获得的唯一一个公网 IP 地址可以由多个用户使用。在 IPv4 NAT 的基础上，随着 IPv4 地址的进一步紧缺，用户的公网 IP 地址也无法得到的情况下，运营商也开始使用私有地址，这样 NAT 的位置就由用户终端设备（Customer Premises Equipment，CPE）侧移到接入汇聚处，因此就出现了双层 NAT。该方案增加了系统的复杂性，限制了较多应用的部署与开展，伴有可扩展性、安全性、端对端可靠性的问题。

（2）IPv6 接入初期。随着 IPv4 地址消耗殆尽，此时用户已无法得到 IPv4 地址，这时便出现若干 IPv6 接入的应用场景，即用户接入的网络是纯 IPv6，并不支持 IPv4。由于在此阶段仍然存在着大量的 IPv4 应用与服务，因此 IPv4 与 IPv6 的共存阶段具有以下两个特征。

操作系统的特征：虽然目前的主流操作系统（Windows、Linux 等）都已经能够支持 IPv6，但对纯 IPv6 的支持还不够。此外，一些 IPv4 的应用无法很快升级到 IPv6，一些终端目前也只能支持 IPv4。因此，这就要求在 IPv6 的接入环境中仍然能够使用 IPv4 的应用以及 IPv4 的操作系统。

服务和内容的特征：目前 IPv6 的服务还比较少，这就要求在纯 IPv6 的接入环境中仍然能保持 IPv4 服务的连通性。在本阶段，IPv4 与 IPv6 的共存机制包括已广泛使用的 IPv4 NAT，IPv4 应用与服务以及 IPv6 应用与服务。IPv6 过渡初期的一个重要目标就是保持 IPv4 的后项兼容性，使用户仍然能够将 IPv4 的应用接入纯 IPv6 的网络中，这样才能够实现 IPv6 的顺利过渡。

（3）IPv6 接入中期。在纯 IPv6 网络的接入中期，随着 IPv6 的进一步发展，操作系统以及应用程序对 IPv6 的支持都有了较好的提升，因此用户开始较多地转向使用纯 IPv6 的应用，用户端出现了较多的纯 IPv6 的主机，而非双栈或纯 IPv4 的主机。在该阶段，IPv6 的服务还较为有限，大量 IPv4 的服务依然存在，因此用户需要通过 IPv6 的应用来访问 IPv4 的服务。

（4）IPv6 普及发展阶段。在 IPv6 已较为普及，用户及网络侧都已经基本升级到纯 IPv6 的环境时，此时还存在少量位于 NAT 后的 IPv4 服务。这个阶段需要解决的问题是，在纯 IPv6 的环境中访问少量位于 NAT 后的 IPv4 服务。

由于大量的网络是 IPv4 网络，随着 IPv6 的部署，很长一段时间是 IPv4 与 IPv6 共存的过渡阶段。在这个阶段为了实现 IPv4 和 IPv6 的主机及网络互通，需要使用 IPv6 的过渡技术，当前主要有 3 种主流的过渡技术。

双栈技术：双栈节点与 IPv4 节点通信时使用 IPv4 协议栈，与 IPv6 节点通信时使用 IPv6 协议栈，双栈技术通信过程如图 3-6 所示。

图3-6　双栈技术通信过程

隧道技术：提供了两个 IPv6 站点之间通过 IPv4 网络实现通信连接，以及两个 IPv4 站点之间通过 IPv6 网络实现通信连接的技术，隧道技术通信过程如图 3-7 所示。

图3-7　隧道技术通信过程

IPv4/IPv6 协议转换技术：提供了 IPv4 网络与 IPv6 网络之间的互访技术，协议转换技术通信过程如图 3-8 所示。

图3-8　协议转换技术通信过程

3.3.1　双栈技术

双栈技术指在终端各类应用系统、运营支撑系统和各网络节点之间同时运行 IPv4 和 IPv6 协议栈（两者具有相同的硬件平台），从而实现分别与 IPv4 或 IPv6 节点间的信息互通，双栈技术流程如图 3-9 所示。

图3-9　双栈技术流程

　　IPv4 和 IPv6 有功能相近的网络层协议，都是基于相同的硬件平台，同一个主机同时运行 IPv4 和 IPv6 两套协议栈，具有 IPv4/IPv6 双协议栈的节点称为双栈节点，这些节点既可以收发 IPv4 报文，也可以收发 IPv6 报文。它们可以使 IPv4 与 IPv4 节点互通，也可以直接使 IPv6 与 IPv6 节点互通。双栈节点同时包含 IPv4 和 IPv6 的网络层，但传输层协议

图3-10　双栈协议模型

（如 TCP 和 UDP）的使用仍然是单一的，双栈协议模型如图 3-10 所示。

　　双栈节点可以运行在以下 3 种模式，灵活开启 / 关闭 IPv4/IPv6 栈。

　　（1）使能它们的 IPv4 栈并关闭 IPv6 栈，表现为 IPv4 节点。

　　（2）使能它们的 IPv6 栈并关闭 IPv4 栈，表现为 IPv6 节点。

　　（3）使能双栈，同时开启 IPv4 和 IPv6 栈。

　　双栈模式的工作原理可以简单描述为：若目的地址是一个 IPv4 地址，则使用 IPv4 地址；若目的地址是一个 IPv6 地址，则使用 IPv6 地址。使用 IPv6 地址时有可能要进行封装。双栈技术是所有过渡技术的基础，支持灵活地开启或关闭节点的 IPv4/IPv6 功能，

可以很好地过渡到纯 IPv6 的环境。但同时，要求所有节点都支持双栈，增加了改造和部署难度。双栈技术可以实现 IPv4 和 IPv6 网络的共存，但是不能解决 IPv4 和 IPv6 网络之间的互通问题。而且双栈技术不会节省 IPv4 地址，不能解决 IPv4 地址用尽的问题。

3.3.2　隧道技术

1. 技术简介

隧道技术是通过将一种 IP 数据包嵌套在另一种 IP 数据包中进行网络传递的技术，只要求隧道两端的设备支持两种协议。隧道类型有多种，根据隧道协议的不同分为 IPv4 over IPv6 隧道和 IPv6 over IPv4 隧道；根据隧道终点地址的获得方式，可将隧道分为配置型隧道（如手动隧道、GRE 隧道）和自动型隧道（如隧道代理、6to4、6over4、6RD、ISATAP、TEREDO、基于 MPLS 的隧道 6PE 等）。隧道技术本质上只是提供一个点到点的透明传送通道，无法实现 IPv4 节点和 IPv6 节点之间的通信，适用于同协议类型网络孤岛之间的互联。采用这种技术，不用把所有的设备都升级为双栈，只要求 IPv4/IPv6 网络的边缘设备实现双栈和隧道功能。除边缘节点外，其他节点不需要支持双协议栈，隧道技术流程如图 3-11 所示。

图3-11　隧道技术流程

基于 IPv4 隧道来传送 IPv6 报文的隧道技术如图 3-12 所示。隧道技术是将 IPv6

报文封装在 IPv4 报文中，这样 IPv6 数据包就可以穿越 IPv4 网络进行通信。因此被孤立的 IPv6 网络之间可以通过 IPv6 的隧道技术利用现有的 IPv4 网络互相通信而无须对现有的 IPv4 网络做任何修改和升级。IPv6 隧道可以配置在边界路由器之

图3-12　IPv6报文在IPv4中的封装

间，也可以配置在边界路由器和主机之间，但是隧道两端的节点都必须既支持 IPv4 协议栈又支持 IPv6 协议栈。

2. 机制原理

IPv4/IPv6 隧道技术的实现机制分为以下 3 步。隧道技术封装示意如图3-13所示。

（1）隧道入口节点（封装路由器）创立一个用于封装的 IPv4 报文头，并传送此被封装的分组。

（2）隧道出口节点（解封装路由器）接收此被封装的分组，如果需要重新组装此分组，移去 IPv4 报文头，并处理接收到的 IPv6 分组。

（3）封装路由器或许需要为每个隧道记录维持软状态信息，这类参数诸如隧道 MTU，以便处理转发的 IPv6 分组进隧道。

图3-13　隧道技术封装示意

3. 应用场景

简单来说，在 IPv6 的推广过程中，隧道技术的应用场景分为 IPv6 over IPv4 和 IPv4 over IPv6。

（1）IPv6 over IPv4 隧道

IPv6 不可能在一夜间完全替代 IPv4，在过渡阶段的初期，那些 IPv6 的设备就

成为 IPv4 海洋中的 IPv6 "孤岛"。IPv6 over IPv4 隧道技术的目的是利用现有的 IPv4 网络，使各个分散的 IPv6 "孤岛"可以跨越 IPv4 网络相互通信。

在 IPv6 报文通过 IPv4 网络时，无论哪种隧道机制都需要进行 "封包—解包" 过程，即隧道发送端将该 IPv6 报文封装在 IPv4 数据包中，将此封装包视为 IPv4 的负荷，然后在 IPv4 网络上传送该封装包。当封装包到达隧道接收端时，该端点解掉封装包的 IPv4 报文头，取出 IPv6 封装包继续处理。

值得一提的 IPv6 over IPv4 隧道技术是 6RD。它由法国运营商 FREE 提出，FREE 采用该方案在 5 周内为超过 150 万户居民提供了 IPv6 服务。6RD 是 IPv6 快速部署（IPv6 Rapid Deployment）的简称，其对应标准为 RFC5569，6RD 是在 6to4 的基础上发展起来的一种 IPv6 网络过渡技术方案。通过在现有 IPv4 网络中增加 6RD-BR，为愿意使用 IPv6 的用户提供 IPv6 接入；在 IPv6 用户的家庭网关和 6RD 网关之间建立 6in4 隧道，从而实现在 IPv4 网络中提供 IPv6 服务。

如图 3-14 所示，6RD CE（Customer Edge）与 6RD BR（Border Realy）都是双栈设备，通过扩展的 DHCP 选项，6RD CE 的 WAN 接口得到运营商为其分配的 IPv6 前缀、IPv4 地址（公有或私有）以及 6RD BR 的 IPv4 地址等参数。CE 在 LAN 接口上通过将上述 6RD IPv6 前缀与 IPv4 地址相拼接构造出用户的 IPv6 前缀。当用户开始发起 IPv6 会话，IPv6 报文到达 CE 后，CE 用 IPv4 报文头将其封装进隧道，被封装的 IPv6 报文通过 IPv4 报文头进行路由，中间的设备对其中的 IPv6 报文不感知。BR 作为隧道对端，收到 IPv4 数据包后进行解封装，将解封装后的 IPv6 报文转发到全球 IPv6 网络中，从而实现终端用户对 IPv6 业务的访问。

图3-14　6RD网络架构

6RD 对运营商的核心网络影响极小，整个过程无状态。它为运营商在 IPv6 过渡初期引入 IPv6 服务提供了思路。在这种方案中，需要同时为终端分配 IPv6 地址前缀和 IPv4 公网 / 私网地址，仍不能减少 IPv4 地址的消耗。由于 IPv6 地址前缀受 IPv4 地址影响，该方案也存在 IPv6 地址欺骗的缺点；同时，该方案也要求分配给 CE 的 IPv4 地址需要较长的租用期。

（2）IPv4 over IPv6 隧道

与 IPv6 over IPv4 隧道技术相反，IPv4 over IPv6 隧道技术是解决具有 IPv4 协议栈的接入设备成为 IPv6 网络中的孤岛通信问题。在实际应用中，DS-Lite 是一种典型的 IPv4 over IPv6 隧道技术，它的工作原理是：用户侧设备将 IPv4 流量封装在 IPv6 隧道内，通过运营商的 IPv6 接入网络到达"网关"设备后终结 IPv6 隧道封装，再进行集中式 NAT，最终转发至 IPv4 网络。

DS-Lite 网络主要由 3 部分组成。DS-Lite 组网方式如图 3-15 所示。

图3-15　DS-Lite组网方式

① CPE：也叫 B4 终端，位于用户网络侧，用来连接互联网服务提供商（Internet Service Provider，ISP）网络的设备，通常为用户网络的网关。CPE 作为 IPv4 over IPv6 隧道的端点，负责将用户网络的 IPv4 报文封装成 IPv6 报文发送给隧道的另一个端点，同时将从隧道接收到的 IPv6 报文解封装成 IPv4 报文发送给用户网络。某些用户网络的主机本身也可以作为 CPE，直接连接到 ISP 网络，这样的主机称为 DS-Lite 主机。

② 地址族转换路由器（Address Family Transition Router，AFTR）：ISP 网络中的设备，同时 AFTR 还是 IPv4 over IPv6 隧道端点和 NAT 网关设备。AFTR 负责将解封装后的用户网络报文的源 IPv4 地址（私网地址）转换为公网地址，并将转换后的报文发送给目的 IPv4 主机；同时负责将目的 IPv4 主机返回的应答报文的目的

IPv4 地址（公网地址）转换为对应的私网地址，并将转换后的报文封装成 IPv6 报文通过隧道发送给 CPE。AFTR 进行 NAT 时，同时记录 NAT 映射关系和 IPv4 over IPv6 隧道 CPE 的 IPv6 地址，从而实现不同 CPE 连接的用户网络地址可以重叠。

③ 隧道：CPE 和 AFTR 之间的 IPv4 over IPv6 隧道，用来实现 IPv4 报文跨越 IPv6 网络的传输。

4. 技术类型

IPv6 隧道技术分为配置型隧道和自动型隧道。

配置型隧道指边界设备不能自动获得隧道终点的 IPv4 地址，需要手动配置隧道终点的 IPv4 地址，报文才能正确发送至隧道终点，通常用于路由器到路由器之间。常用的配置型隧道技术包括 IPv6 over IPv4 手动隧道和 GRE 隧道。

自动型隧道指边界设备可以自动获得隧道终点的 IPv4 地址，所以不需要手动配置终点的 IPv4 地址，一般的做法是隧道的两个接口的 IPv6 地址采用内嵌 IPv4 地址的特殊 IPv6 地址形式，这样路由设备可以从 IPv6 报文中的目的 IPv6 地址中提取出 IPv4 地址，自动型隧道可用于主机到主机，或者主机到路由器之间。常用的自动型隧道技术包括隧道代理、6to4、6over4、6RD、ISATAP、TEREDO、基于 MPLS 的隧道 6PE 等。

通过隧道技术，依靠现有 IPv4 设施，只要求隧道两端设备支持双栈，即可实现多个孤立 IPv6 网络的互通，但是总体来说，隧道实施配置比较复杂，也不支持 IPv4 主机和 IPv6 主机直接通信。

3.3.3 IPv4/IPv6 协议转换技术

IPv4/IPv6 协议转换技术为 IPv4 网络与 IPv6 网络之间的互访提供了可能。在过渡期间，IPv4 和 IPv6 共存的过程中，面临的一个主要问题是 IPv6 与 IPv4 之间如何互通。由于两者的不兼容性，因此无法实现两种不兼容网络之间的互访，所以 IPv6/IPv4 协议转换技术孕育而生。协议转换技术流程如图 3-16 所示。

图3-16　协议转换技术流程示意

1. NAT-PT技术

IETF 在早期设计了 NAT-PT 的解决方案：RFC2766、NAT-PT 通过 IPv6 与 IPv4 的网络地址与协议转换，实现了 IPv6 网络与 IPv4 网络的双向互访。

网络地址转换—协议转换（Network Address Translation-Protocol Translation，NAT-PT）：由无状态协议转换技术（Stateless IP/ICMP Translation，SIIT）和动态地址协议转换技术结合与演进而来，SIIT 提供一对一的 IPv4 地址和 IPv6 地址的映射转换，NAT-PT 支持在 SIIT 的基础上实现多对一或多对多的地址转换。NAT-PT 分为静态和动态两种形式。

（1）静态 NAT-PT

静态 NAT-PT 提供一对一的 IPv6 地址和 IPv4 地址的映射转换。IPv6 单协议网络域内的节点要访问 IPv4 单协议网络域内的每一个 IPv4 地址，都必须在 NAT-PT 网关中配置。每一个目的 IPv4 在 NAT-PT 网关中被映射成一个具有预定义 NAT-PT 前缀的 IPv6 地址。在这种模式下，每一个 IPv6 映射到 IPv4 地址需要一个源 IPv4 地址。静态配置适合经常在线，或者需要提供稳定连接的主机。

（2）动态 NAT-PT

在动态 NAT-PT 中，NAT-PT 网关向 IPv6 网络通告一个 96 位的地址前缀，并结合主机 32 位的 IPv4 地址作为对 IPv4 网络中的主机的标识。从 IPv6 网络中的主机向 IPv4 网络发送的报文，其目的地址前缀与 NAT-PT 发布的地址前缀相同，这些报文都被路由到 NAT-PT 网关，由 NAT-PT 网关对报文头进行修改，取出其中的 IPv4 地址信息，替换目的地址。同时，NAT-PT 网关定义了 IPv4 地址池，它从地址池中取出一个地址来替换 IPv6 报文的源地址，从而完成从 IPv6 地址到 IPv4 地址的转换。动态 NAT-PT 支持多个 IPv6 地址映射为一个 IPv4 地址，节省了 IPv4 地址的空间。

NAT-PT 支持 IPv4 和 IPv6 两种协议的相互翻译和转换，但是存在如下问题。

属于同一会话的请求和响应都必须通过同一 NAT-PT 设备才能进行转换，比较适合单一出口设备的环境；不能转换 IPv4 报文头的可选项部分；缺少端到端的安全性。因此，NAT-PT 逐渐被废弃，不推荐使用。为了解决 NAT-PT 中的各种缺陷，同时实现 IPv6 与 IPv4 之间的 NAT-PT 技术，IETF 重新设计了新的解决方案：NAT64 与 DNS64 技术。

2. NAT64与DNS64技术

NAT64 是一种有状态的网络地址与协议转换技术，一般只支持通过 IPv6 网络侧用户发起连接访问 IPv4 网络侧的资源。但 NAT64 也支持通过手动配置静态映射关系，实现 IPv4 网络主动发起连接访问 IPv6 网络。NAT64 可实现 TCP、UDP、ICMP 下的 IPv6 与 IPv4 网络地址与协议转换。DNS64 则主要是配合 NAT64 工作，是将 DNS 查询信息中的 A 记录（IPv4 地址）合成到 AAAA 记录（IPv6 地址）中，返回合成的 AAAA 记录给 IPv6 侧用户。DNS64 也解决了 NAT-PT 中的 DNS-ALG 存在的缺陷。NAT64 是 IPv6 网络发展初期的一种过渡解决方案，在 IPv6 发展前期会被广泛部署应用，而后期则会随着 IPv6 网络的发展壮大逐步退出历史舞台。

NAT64 与 DNS64 技术的流程如图 3-17 所示。

图3-17　NAT64与DNS64技术的流程

NAT64 与 DNS64 技术的流程如下。

（1）IPv6 主机发起到 DNS64 服务器的 IPv6 域名解析请求（IPv6 主机配置的 DNS 地址是 DNS64），IPv6 域名解析为 www.abc.com。

（2）DNS64 服务器触发到 DNS 服务器中查询 IPv6 地址。

（3）若能查询到，则返回域名对应的 IPv6 地址；若查询不到，则返回 IPv6 空。

（4）DNS64 服务器再次触发到 DNS 服务器中查询 IPv4 地址。

（5）DNS 服务器返回 IPv4 记录（192.168.1.1）。

（6）DNS64 服务器合成 IPv6 地址（64::FF9B::192.168.1.1），并返回给 IPv6 主机。

（7）IPv6 主机发起目的地址为 64::FF9B::192.168.1.1 的 IPv6 数据包；由于 NAT64 在 IPv6 域内通告配置的 IPv6 地址前缀，因此这个数据包转发到 NAT64 路由器上。

（8）NAT64 执行地址转换与协议转换，目的地址转换为 192.168.1.1，源地址根据地址状态转换（3ffe:100:200:1::1）→（172.16.1.1），在 IPv4 域内路由到 IPv4 服务器。

（9）IPv4 数据包返回，目的地址为 172.16.1.1。

（10）NAT64 根据已有记录进行转换，目的地址转换为 3ffe:100:200:1::1，源地址为 64::FF9B::192.168.1.1，发送到 IPv6 主机，流程结束。

协议转换技术对现有 IPv4 环境做少量改造（通常是更换出口网关），即可实现对外支持 IPv6 访问，部署简单便捷。

3. IVI

除 NAT-PT、NAT64 与 DNS64 技术之外，IVI 也是一种基于运营商路由前缀的无状态 IPv4/IPv6 协议转换技术。IVI 方案是由 CERNET2 的研究人员清华大学李星教授提出的，对应 RFC6052。IVI 的主要思路是，从全球 IPv4 地址空间（IPG4）中，取出一部分地址映射到全球 IPv6 地址空间（IPG6）中。在 IPG4 中，每个运营商取出一部分 IPv4 地址，以在 IVI 过渡中使用，被取出的这部分地址称为 IVI4（i）地址，且不能分配给实际的主机使用。IVI 的地址映射规则是在 IPv6 地址中插入 IPv4 地址。地址的 0~31 位为 ISP 的 /32 位的 IPv6 前缀，32~39 位设置为 FF，表示这是一个 IVI 映射地址。40~71 位表示插入的全局 IPv4 空间（IVIG4）的地址格式，如 IPv4/24 映射为 IPv6/64，而 IPv4/32 映射为 IPv6/72。目前，国内有很多地址协议转换设备都是基于 IVI 技术研发的，重点解决企业 Web 的 IPv6 改造问题。

3.3.4　其他新的过渡技术标准

除了上述几种技术标准，中国运营商也提出了诸如 Laft6、Smart6、Space6 等相关标准。

Laft6 是针对 DS-Lite 的改进，其将原本在 AFTR 上的 NAT 功能转移到 CPE 终端上完成，降低了 AFTR 的性能要求，提高了网络的可扩展性。

Smart6 和 Space6 类似 NAT64 技术，都是解决 IPv6 用户访问 IPv4 资源问题的协议转换技术。通过将 Smart6/Space6 网关部署在 IDC 出口，可以使 IPv6 用户访问 IPv4 的 ICP/ISP 资源，从而达到迁移 IPv6 流量，促进用户向 IPv6 演进。

3.3.5　IPv6 过渡技术对比分析

在面对一个具体的 IPv6 改造项目，很多时候我们听到各类要求，诸如要求现网业务的稳定性高，任何改造都不能影响现有业务的运行、可以平滑升级等。因此我们在评估采用哪种过渡技术来实现 IPv6 改造时，需要考虑到诸多情况进行综合判断，具体如下。

（1）实施部署的便捷性，周期不能太长，如何保证在国家或监管机构的规定时间内完成全部业务平台的改造，并对外提供 IPv6 服务。

（2）方案须支持双栈，对后续的演进发展到纯 IPv6 没有障碍。

（3）要考虑投资成本和影响，分步进行，优先完成对外网系统改造（如门户网站），再进行内网系统改造。

（4）对现有业务的影响最小，已有的 IPv4 访问不受影响。

（5）技术的通用性，不同厂商产品能够实现对接支持。

（6）不增加过多的运维负担，对 IPv6 网络的维护工作可以平稳过渡。

针对上述需求情况，我们对 3 种主流的过渡技术进行比对，详见表 3-1。

表3-1　IPv6过渡技术对比

技术	优点	缺点
双栈技术	改造彻底； 使用范围广； 单协议用户互通性好	双栈运行对资源消耗更大，降低了设备性能； 涉及服务器和网络设备升级； 投资成本高、周期长
隧道技术	仅需对承载网络改动； 部署快； 适用于 IPv6 孤岛间通信	配置复杂； 多次的封装 / 解封装提升了设备负载，降低了网络利用率； 对运维和网络性能带来极大的挑战
协议转换技术	网络架构改动小（不改动业务系统）； 部署速度快； 投资成本低	部分应用需要特定的 ALG（应用层网关）协同

每种过渡技术都有各自的优点和缺点，结合应用场景和需求，在不同的场景下需要选择不同的过渡技术以实现 IPv6 改造：对于新建业务系统的场景，推荐采用双栈技术，同时支持 IPv4 和 IPv6，一步到位实现最优改造；对于多个孤立 IPv6 网络

互通的场景，如多个 IPv6 的数据中心区域互联，可以采用隧道技术，让 IPv6 数据封装到 IPv4 网络上传输，减少部署的成本和压力；对于已经上线的业务系统，建议采用协议转换技术，对现网的改动最小，可以快速部署，投资成本最低，可支持后期逐渐演进到纯 IPv6 环境。在一些特定的场景和需求下，甚至需要针对系统网络架构综合应用多种过渡技术实现 IPv6 改造。

| 3.4　运营商对 IPv6 过渡技术的选择 |

本书后面章节会针对运营商在过去数十年间如何进行 IPv6 技术改造和应用研究做详细的介绍，这里简要科普运营商对 IPv6 过渡技术的选择。

自从 2002 年信息产业部"下一代 IP 电信实验网（6TNet）"项目和科技部 863 计划信息技术领域专项"高性能宽带信息网（3TNet）"启动后，以中国电信为主的国内运营商便启动了 IPv6 过渡技术的试点工作，主要集中在宽带用户接入这个主流市场上。针对宽带业务，运营商的主流技术包括 NAT444、DS-Lite 等。另外，运营商针对 IPv6 访问 IPv4 资源问题，也在制定 Smart6、Space6 等技术标准。

1. NAT444技术

严格来说，NAT444 技术本身和 IPv6 关系不大，其实现的还是 IPv4 私网到 IPv4 公网间的翻译。NAT444 技术是通过将私网地址引入运营商的网络，从而缓解当时 IPv4 地址不足的问题。

在 NAT444 架构中，网络地址分为 3 部分：用户家庭私网地址、运营商私网地址和互联网公网地址，通过 CPE 和 CGN 的两次 4 到 4 的转换，将用户家庭私网地址转为互联网公网地址，因此称之为 NAT444。需要注意的是，NAT444 解决的主要是 IPv4 地址不足的问题，并不能积极促进用户向 IPv6 方向演进。之所以将其作为向 IPv6 过渡的技术之一，是因为 NAT444 配合双栈技术可以平滑地向 IPv6 演进。特别是在国内，当时 IPv4 地址数量已经不足，这是运营商首先要解决的问题。

NAT444 在网络中的架构示意如图 3-18 所示，定义的 CPE 设备为路由型设备，但这并不妨碍 CPE 为桥接时的 NAT444 部署。NAT444 的优点在于其只需要在运营商处进行 LSN 设备的部署就可以了，对用户端设备没有任何要求。这比较符合国情，当时 CPE 设备大多为桥接设备（如 ADSL 调制解调器和 ONU 等），其只能二层透明传送 IPv6 报文，但这并不影响通过 LSN 设备的部署来实现 NAT444 方案。只是当时运营商是为用户终端，而不是为 CPE 设备分配私网地址。由于这种方式对 CPE 设备没有任何要求，因此对于运营商而言不需要对现网的海量 CPE 进行改造更换，大大降低了改造成本，在当时看来是比较可行的大规模部署方案。

图3-18　NAT444在网络中的架构示意

2. DS-Lite技术

DS-Lite 技术是翻译和隧道技术的结合，在 IETF 中标准为 RFC6333。标准中定义了如下两种架构：基于主机的架构和基于网关的架构。基于主机的架构是将 B4 功能集成到主机内，类似于一个 VPN 用户端软件。而基于网关的架构中，B4 就是 CPE 设备，注意由于 CPE 设备是一个路由型 CPE，和常见的桥接性 CPE 不同。在 DS-Lite 部署场景中，运营商只为 B4（CPE 或主机）分配 IPv6 地址，可以加大城域网中的 IPv6 流量，促进 IPv6 的部署。对于双栈用户终端而言，IPv4 的流量通过 DS-Lite 隧道访问，IPv6 的流量则直接通过路由转发。随着 IPv6 资源的日益丰富，用户终端逐步可以由双栈迁移到纯 IPv6 终端。

国内运营商针对 DS-Lite 也提出了增强的轻量级 IPv6 过渡（LAFT6）的技术标准，相比 DS-Lite 而言，将原本在 AFTR 上的 NAT 功能转移到 CPE 终端上完成，降低了 AFTR 的性能要求，提高了网络的可扩展性。但是由于 DS-Lite 部署需要改造用户的 CPE 设备，因此改造成本较高，这也导致 DS-Lite 技术在国内外一直都没有大规模部署，在国内运营商试点后期，这种改造方式也慢慢被舍弃。

3. Smart6和Space6技术

中国电信提出了 Smart6 和 Space6 技术，其都是基于 NAT64 基础进行了相应的改进。Smart6 和 Space6 技术可以部署在 IDC 出口，在 IPv6 资源有限的情况下，可以使 IPv6 用户访问已有的 IPv4 资源，从而牵引用户向 IPv6 迁移。

第 4 章

04

运营商 IPv6
改造方案

本章着重介绍国内运营商 IPv6 改造技术方案，过去的数十年，国内 IPv6 的技术研究及应用主要集中在运营商层面。中国电信在宽带互联网领域的技术投入使得其在 IPv6 下一代互联网的演进中扮演了重要的角色，2001 年，中国电信启动了《IPv6 总体技术方案》项目的研究工作，之后在北京、上海、广州和湖南进行 IPv6 试验与测试工作；2012 年，中国电信启动了下一代互联网的演进工作，实现了中国电信东部 80%、中西部 50% 和北方 30% 的城域网和全网四星级以上的 IDC 网络具备 IPv6 接入能力，IPv6 网络覆盖宽带用户规模达到 8000 万人；工业和信息化部下发了关于贯彻落实《推进互联网协议第六版（IPv6）规模部署行动计划》的通知后，根据要求，国内三大电信运营商积极推进 IPv6 的规模部署，全面实施对包括移动网络城域网、接入网、数据中心、云资源池、业务平台、办公网络、IP 业务支撑系统、门户网站、APP 应用系统、安全系统和安全设备的专项 IPv6 改造工作。

中国移动一直积极贯彻国家关于 IPv6 规模部署的相关要求，2010 年就已经开始通过 CNGI 项目开展 IPv6 技术研究和试点；2012—2013 年，在国家发展改革委的组织下有 10 个省（区、市）开展了 IPv6 规模试点；2014—2016 年在 LTE 网络业界首次采用 IPv6 单栈部署 VoLTE 业务，用户规模达到 3000 万人；2017—2018 年，按照工业和信息化部关于贯彻落实《推进互联网协议第六版（IPv6）规模部署行动计划》的通知要求，全网开展 IPv6 改造。

中国联通同样在全业务领域积极落实 IPv6 的规模部署工作，截至 2018 年，支持 IPv6 的 IDC 已覆盖 31 个省（区、市）130 个地市，全国共有 353 个 IDC，超大型、大型 IDC 已全部支持 IPv6；在应用领域，网信办 IPv6 网站与北京分公司 IDC 网络完成对接，北京分公司实现 IPv6 互联网专线的开通，浙江联通在杭州完成与阿里云的 IPv6 连通性测试，IPv6 路由宣告成功，北京、济南、青岛、武汉 DNS 改造完成。

在接下来的章节中主要以中国电信为例介绍运营商在推进 IPv6 规模部署工作中的技术解决方案。

|4.1　IPv6 改造早期建设模式 |

2012 年，中国电信启动了下一代互联网规模商用示范工程，从最早的北京、上海、广东等 10 个省（区、市）启动试点工作，研究下一代互联网在"十二五"发展思路目标和网络升级改造，在前期试点的基础上，后续进一步扩大部署省份和城市范围。当时在中国电信启动 IPv6 技术规模商用的背景是因为全球 IPv4 顶级地址在 2012 年已耗尽，所有 IPv4 地址空间已分配给五大区域互联网注册机构，非洲网络信息中心（AFRINIC）针对非洲；北美网络信息中心（ARIN）针对南极洲、加拿大、加勒比海的部分地区和美国；亚太互联网信息中心（APNIC）针对东亚、大洋洲、南亚和东南亚；拉丁美洲网络信息中心（LACNIC）针对加勒比海的大部分地区和整个拉丁美洲；欧洲网络信息中心（RIPE NCC）针对欧洲、中亚、俄罗斯和西亚，因此解决地址紧张问题是当时中国电信进行 IPv6 改造的主要因素，改造的重点也是围绕解决持续增长的互联网用户的地址分配问题。

4.1.1　IPv6 技术改造的可行性分析

1. 网络及技术状态分析

在确定启动下一代互联网规模商用示范工程后，中国电信对现网设备及技术进行了调研及评估。相关数据显示，当时国内运营商支持 IPv6 双栈能力的整体情况如下。

（1）骨干网 90% 以上设备硬件支持，20% 软件须升级支持。

（2）城域网 CR 设备硬件支持，50% 软件须升级；SR 设备 15% 硬件须升级，50% 软件须升级；BAS 设备硬件支持，80% 软件须升级（部分老设备无法升级）。

（3）接入网设备不支持，只支持 IPv6 透传。

（4）绝大多数家庭、企业网关不支持。

（5）IDC 80% 以上软硬件须升级，目前出口路由器只支持双栈，系统内交换机只支持 IPv6 报文透传。

（6）支撑系统方面，宽带用户认证 AAA 大多数软件支持；DNS 30% 软件须升级，硬件支持；网管 50% 须升级。

从以上数据可以看出，由于接入网设备无法升级使端到端双栈实现困难，部分设备软件升级有风险，这些情况将影响网络向 IPv6 演进。

2. 技术演进状态分析

在当时，IPv6 基本路由协议、双栈和 MIP 技术标准已基本成熟；过渡（隧道、协议转换）技术成为研究热点，种类多但正式标准较少。存在的问题包括主流厂家倾向于支持正式标准，部分私有协议能否在网络中规模部署；安全、QoS 技术缺少实际有效的技术手段。中国电信对 IPv6 的 3 种过渡技术进行了详细分析。

双栈技术。该技术的特点是终端、应用平台主机根据业务进行 IPv4 或 IPv6 数据封装；网络节点同时支持 IPv4 和 IPv6 协议栈，逻辑上分离；应用涉及的各个网络层面都需要支持双栈。主要问题有同时占用 IPv4 和 IPv6 地址，公网不能解决地址问题，以及不能实现 IPv4 和 IPv6 应用互通。

隧道技术。该技术的特点是将 IPv4 数据嵌套在 IPv6 数据包中传送，或反之；实现同协议两端应用穿越不同协议网络；网络侧解决网络孤岛的问题，如 6PE 和二层隧道协议（L2TP）；用户侧解决纯 IPv6 接入应用孤岛的问题，如 DIVI。主要问题有规模部署隧道对配置和管理的复杂度较高、不能实现 IPv4 和 IPv6 应用互通、可选技术较多，除 6PE 和 L2TP 外都不太成熟。

协议转换技术。该技术的特点是网络部署协议翻译网关，将 IPv4 数据包转换成 IPv6 数据包，或反之；可以是地址翻译，用于 IPv4 私网地址与公网地址间转换；解决 IPv4/IPv6 网络或应用互访、私网地址使用的问题。主要问题有，大量应用网间翻译容易形成性能瓶颈、目前协议转换技术尚不成熟，尤其是 4to6。

3. 技术演进需求

从业务需求的驱动力和整个产业链发展情况来看，解决 IPv4 地址日益紧缺的问题，网络如何快速具备支持 IPv6 应用的承载能力，双栈技术不能解决 IPv4 地址不足的问题，用于纯 IPv6 接入的隧道和协议转换技术尚未成熟，网络如何从 IPv4 向 IPv6 过渡，如何推进产业链整体向 IPv6 的迁移是运营商对 IPv6 总体演进的需求。

4. IPv6技术演进总体路线

IPv6 的过渡方案首先应解决地址紧缺问题，其次应满足未来新兴业务（促进三网融合、拓展物联网）的发展需求，结合 IPv6 应用的迁移路径（IPv4 主导→ IPv4/IPv6 持平→ IPv6 主导）来制定合理的网络演进方案。此外，IPv6 过渡方案需要考虑用户和应用迁移的主要需求，并考虑网络部署的难度和成本，确保过渡期的平稳性以及逐步可推进性。当时主流的应用及网络迁移路线有双栈过渡演进方式和新建纯 IPv6 网络演进方式。

（1）双栈过渡演进方式

在双栈过渡演进方式中，整个实施过程可分为两个阶段。第一阶段是 IPv4 私网双栈，面对 IPv4 地址不足的问题，首先采用在城域网中部署 IPv4 私网地址来解决。第二阶段是端到端纯 IPv6 网络，网络、终端、业务平台具备逐步双栈能力，随着 IPv6 业务需求逐步启用双栈，最终向纯 IPv6 网络过渡。运营商网络中的双栈实施状况如图 4-1 所示。

图4-1　运营商网络中的双栈实施状况

① IPv4 私网双栈过渡阶段关键点如下。

➤ 在地址短缺区域为新用户分配私网地址，其他区域冗余分配公网地址，提前释放 IPv4 地址不足的压力。

➤ 用户及应用：选择城域网逐步推广 IPv6 用户，可访问 IPv6 应用，终端和操作系统须升级双栈；原有 IPv4 用户终端保持，仍访问原有 IPv4 应用。

➢ 新入网设备要求支持 IPv6。

➢ 推进自营业务升级支持 IPv6，骨干网（承载网或 163 网）开启双栈，需要根据开启的影响程度选择 163 网或承载网。

➢ 推广 IPv6 用户的城域网核心设备升级双栈，新增 BAS 双栈，部署 NAT 网关。

② 端到端纯 IPv6 网络阶段关键点如下。

➢ IPv4 应用全部迁移到 IPv6，用户终端设备支持 IPv6 单栈，所有应用软件全部支持 IPv6。

➢ 骨干网设备关闭 IPv4 协议栈，如果 IPv4 应用全部迁移时间较短，部分已开启双栈城域网且关闭 IPv4 协议栈，未开启双栈城域网直接升级 IPv6 单栈。

➢ BAS 只为用户分配 IPv6 地址。

（2）新建纯 IPv6 网络演进方式

新建纯 IPv6 网络演进可分为 3 个阶段：第一阶段，IPv4 私网过渡阶段与双栈过渡演进方式的 IPv4 私网双栈过渡阶段相同；第二阶段，渐进式新建纯 IPv6 网络，推进网络向纯 IPv6 过渡，逐步取消 IPv4 私网地址；第三阶段，端到端纯 IPv6 网络。

① 渐进式新建纯 IPv6 网络阶段关键点如下。

➢ 为部分用户分配纯 IPv6 地址：原 IPv4 私网地址、新入网用户分配 IPv6 地址。

➢ 终端设备支持双栈，可同时访问 IPv4/IPv6 应用，原 IPv4 公网地址用户如需访问 IPv6 应用，采用 4to6 协议转换技术等。

➢ 城域网 BAS、SR 开启 IPv6 单栈，部署隧道、翻译网关。

➢ 城域网第二平面以 IPv6 为主。

➢ 用户侧新网关支持隧道、翻译功能，或者用户侧终端安装隧道、翻译软件。

② 端到端纯 IPv6 网络阶段关键点如下。

➢ 接入用户全部分配纯 IPv6 地址。

➢ 将大部分 IPv4 应用迁移到 IPv6，IPv6 接入用户可同时访问 IPv6 和 IPv4 应用，IPv4 用户不允许访问 IPv6 业务。

对于以上两种过渡演进方式，都能够解决 IPv4 地址不足的问题，也都能够过渡到 IPv6 应用和网络。但是，这两种过渡方式对网络的要求、用户及应用的要求、各自的优势以及中国电信主要面临的风险还是存在着很大的区别，将直接影响中国电信 IPv6 技术演进策略。表 4-1 将两种演进方式进行了详细比较。

表4-1　两种演进方式对比

迁移路线	双栈过渡演进方式	新建纯 IPv6 网络演进方式
共同点	1. 都能解决地址不足的问题；2. 都能过渡到纯 IPv6 应用和网络	
网络的要求	1. 部署电信级 NAT 设备； 2. 根据 IPv6 业务启用骨干网双栈，根据 IPv6 用户需求启用城域网双栈	1. 初期也要部署电信级 NAT 设备； 2. 中后期部署电信级翻译或隧道网关设备； 3. 新增 BAS/ 移动分组域等设备可采用 IPv6 单栈
用户及应用的要求	1. 用户如访问 IPv4 和 IPv6 应用，要求平台同时支持 IPv4 和 IPv6； 2. 如有 IPv6 应用需求的终端要求支持双栈，为用户分配 IPv4 私网和 IPv6 地址	1. 应用可以仅支持 IPv4 或 IPv6； 2. 旧终端可沿用 IPv4 单栈，新终端可沿用 IPv6 单栈、双栈，为新用户只分配 IPv6 地址； 3. 网关或用户终端需支持隧道、协议转换技术
优势	1. 地址协议转换技术比较成熟； 2. 用户侧网关和软终端实现复杂度较低	网络先行具备纯 IPv6 支持能力，对用户向 IPv6 迁移更有吸引力
主要风险	1. 如 IPv4 应用长期存在，则须规模使用 IPv4 私有地址，对端到端业务使用、网络地址规划和复用的问题尚未验证； 2. 电信级 NAT 设备性能尚未验证； 3. IPv4 私有地址解决地址紧缺问题，对用户和应用向 IPv6 的迁移推进力度小	1. 用于纯 IPv6 接入的隧道、协议转换技术尚未成熟，需要验证可运营、可管理的解决方案； 2. 电信级隧道、翻译网关的性能尚未验证
综合评价	1. 被动等待演进型—平稳； 2. IPv4 私网地址规模使用风险	1. 主动推进演进型—积极； 2. 隧道、协议转换技术成熟风险

根据上述分析，从目前国际上的总体情况来看，国外运营商选择的原因在于地址并不紧缺，新用户发展压力不大，占据 IPv6 竞争格局优势。双栈技术是迁移路线中比较稳妥的方案，但在国内网络全程升级双栈难度较大，短期实现成本较高；基于隧道和协议转换技术的纯 IPv6 网络演进具有一定的技术风险。两条迁移路线都具有不确定因素和风险。

因此，实施 IPv6 技术演进的策略需要兼顾多种方案，注重实效，积极推动技术成熟，验证和制订切实可操作的迁移路线。初期主要采取分区域分配私网 IPv4 地址，在部分政企、自营业务以及公众用户开展小范围 IPv6 应用试点，并积极推进隧道协议转换技术。在 IPv4 地址枯竭后，以及隧道、协议转换技术不成熟的情况下，根据业务需求逐步建设双栈网络。待隧道、协议转换技术成熟后，开始分配纯 IPv6 地址，并渐进式建设 IPv6 单栈网络，同时逐步将应用迁移到 IPv6 网络。

5. 设备及系统调研评估

在初步明确 IPv6 演进路线后，中国电信组织研究院及各主流软硬件厂商对升级改造各主要环节的设备、系统支撑情况进行全面的调研，详见表 4-2。

表4-2   主流软硬件厂商对IPv6支持及改造分析

路由器 CR/SR	现网设备评估：主流设备支持 IPv6 路由协议、双栈报文的高速转发
	可行性分析：大部分设备可以软件升级，小部分设备需要硬件替换
BRAS	现网设备评估：主流设备支持 IPv6 PPPoE 、IPv6 的地址配置与用户接入，部分设备还需要完善满足现网场景，老设备不再支持 IPv6 的后续开发
	可行性分析：部分设备可以软件升级，近一半设备需要硬件替换
PDSN	现网设备评估：主流设备基本支持简单 IP 和移动 IP 功能，支持 IPv6 移动用户接入、认证
	可行性分析：现网设备通过软件升级即可实现 IPv6 功能
DNS	现网系统评估：主流 DNS 软件已开发支持 AAAA 和 A6 记录的添加和查询的版本
	可行性分析：升级现网 DNS 服务器的软件版本，升级 DNS 负载均衡设备
防火墙	现网设备评估：主流防火墙设备支持简单的 IPv6 用户访问控制、流量监测等功能
	可行性分析：部分设备可以软件升级，部分设备需要硬件替换
终端	现网终端评估：2010 年前的客户侧网关不支持双栈，现网客户侧网关基本不支持 DS-Lite；移动终端芯片基本不支持 IPv6，Windows XP 不支持 IPv6 PPPoE 拨号功能
	可行性分析：现网在用的绝大部分客户侧网关的替换将是一个长期持续的工作，同时须推进移动终端的 IPv6 能力并开发不依赖于手机芯片的 IPv6 终端方案

4.1.2   建设思路

为满足国家"十二五"IPv6 商用部署的要求，以推进向下一代互联网的演进为目标，及以解决 IPv4 地址枯竭问题为核心，根据各地的地址短缺时间点和网络设备能力，有计划地实施网络升级改造，因地制宜部署过渡技术解决地址短缺问题，满足用户和业务的可持续性发展，逐步实现网络的平滑演进。

其具体的技术演进思路聚焦在网络和业务两个领域。

网络演进思路：根据地址短缺、设备能力、业务发展等情况，结合网络的常规扩容升级，分阶段、分步骤实施网络改造，以最小代价实现网络演进；骨干网、城域网核心层、IDC 以双栈技术为基础进行网络升级改造，具备 IPv6 用户和业务承载能力；根据业务发展需求和地址紧张的情况，分地域在城域网部署 DS-Lite、NAT444 等过渡技术；移动分组域 CTWAP 引入 NAT444，CTNET 以公网双栈为主；升级改造 IP/IT 支撑系统，实现对双栈及过渡技术环境下用户的业务支撑。

业务演进思路：网上营业厅、掌上营业厅双栈改造，实现 IPv6 用户的访问与业务使用；业务平台双栈改造，先行实施 189 邮箱及基地平台中爱音乐、爱游戏的改造，提供 IPv6 的应用访问服务；新业务，如物联网、云计算及行业应用等，优先采用 IPv6 地址；IPTV 作为封闭型业务改用 IPv4 私网地址。

4.1.3　整体网络架构

中国电信早期的整体网络架构如图 4-2 所示。

图4-2　整体网络架构

图 4-2 所示的网络架构，大致可分为用户终端、承载网络、数据中心（IDC）、业务平台及运营支撑系统。其中，承载网络根据承载的业务及网络的层级又可细分为骨干网、城域网、移动分组网和接入网。从前面对现网设备的分析可以看出，骨干网核心层路由器设备已基本具备双栈能力，对于承载网改造的重点为城域网，城域网是业务接入控制点[包括宽带接入服务器（BAS）和业务路由器（SR）]及控制点以上的核心路由器组成的三层路由网络，划分为核心层和业务接入控制层两层。核心层由核心路由器组成，负责对业务接入控制点设备进行汇接并提供IP城域网到骨干网的唯一出口。核心路由器可级联为两级。其中，出口路由器双挂 ChinaNet 骨干网和 CN2 骨干网，提供 IP 城域网到骨干核心层的出口；其他核心路由器上联出口路由器，完成业务接入控制点的分片汇接。城域网出口配置高性能的出口路由器，具备业务识别、标识和策略路由功能。业务接入控制层又称业务网关，由 BAS 与 SR 两种业务接入控制点组成，主要负责业务接入控制。BAS 主要实现拨号和专线接入互联网网关、组播网关功能，也可实现部分 MPLS PE 功能；SR 主要实现政企专线接入互联网、MPLS PE 和组播网关功能。业务接入控制点是业务实现、提供和管理的关键节点，如安全控制、QoS 控制、访问权限控制，以及增值业务的提供和控制。相当于 IP 网的业务端局，要统一业务接入控制点设备的技术规范，并适当控制业务接入控制点设备的种类和数量，提高网络对业务的支撑能力。

整体网络的 IPv6 升级改造主要内容如下。

（1）自营业务 / 门户网站升级支持双栈。

（2）IDC 网络升级支持双栈。

（3）ChinNet 骨干网启用双栈，CN2 骨干网支持 6PE/6VPE 隧道。

（4）城域网升级支持双栈，根据各省地址情况部署 NAT444、DS-Lite 过渡技术。

（5）移动分组域新建或升级支持双栈。

（6）有线 / 移动接入网两层透传。

（7）移动终端支持双栈；部分现有固网网关升级支持双栈及 DS-Lite；新增或替

换网关支持双栈及 DS-Lite。

4.1.4　网络过渡技术的选择与部署

在 2012 年，当时中国电信明确在各省（区、市，以下简写作"省"）的城域网建设中选择 NAT444 和 DS-Lite 作为过渡技术，选择的依据为各省电信分公司地址缺口预测和 FTTH 用户发展规划。具体策略为在地址缺口大的区域以 NAT444 为主，新增用户、FTTH 平移用户较多且地址缺口较小的区域以 DS-Lite 为主，合理控制 NAT444 与 DS-Lite 部署规模，为简化运营，降低维护复杂度，原则上一个城域网内只部署一种过渡技术。

在后续各省具体选择相应过渡技术的过程中，地址缺口以 32 万个和 65 万个为限、新增用户的消耗地址需求以 6.5 万个为限。并在此基础上明确不再为各省电信分公司分配新的公网地址，具体内容详见表 4-3。

表4-3　各场景下技术改造方案

分类	地址缺口	改造方案
1	地址缺口大于 65 万个（10 个 B）且地址月消耗量大于 6.5 万个（1 个 B）	需释放大量的 IPv4 公有地址，主要采用私网双栈，部分区域采用 DS-Lite
2	地址缺口大于 32 万个（5 个 B）或月消耗量大于 6.5 万个（1 个 B）	采用 DS-Lite 支持新用户发展和 FTTH 用户平移，减少新增地址需求，部分区域采用私网双栈
3	地址缺口小于 32 万个（5 个 B）	新增和 FTTH 平移用户集中区域采用 DS-Lite 直接分配 IPv6 地址，减小新增 IPv4 地址需求的压力，控制 NAT444 部署

4.1.5　过渡技术部署方案

1. DS-Lite

各省电信分公司主要在新增和 FTTH 平移用户集中区域采用 DS-Lite 过渡技术，该技术适用于地址压力较小的区域，主要面向新增用户与 FTTH 改造用户（不用额外替换用户网关），减少对 IPv4 公网地址的新增需求。

通过对图 4-3 的分析，在选择使用 DS-Lite 过渡技术的场景中，对核心层路由器进行升级改造以支持公网双栈，当城域网 FTTH 及新增用户较为分散时以旁挂 CR 设备的方式部署集中式 DS-Lite；业务控制层的 BRAS 设备同样通过升级改造支持公网双栈，在 FTTH 及新增用户集中区域以 BRAS 插卡方式部署分布式 DS-Lite；升级 AAA、DNS、网管、ITMS 及 IT 等也是支撑系统，新部署溯源系统。

图4-3　DS-Lite过渡技术部署示意

2. NAT444

各省电信分公司主要在地址缺口大的区域，需大量回收已向用户分配的 IPv4 公网地址的场景下使用 DS-Lite 过渡技术。

通过对图 4-4 分析，在选择使用 NAT444 过渡技术的场景中，同样需要对核心层路由器进行升级改造以支持公网双栈；对业务控制层升级可支持 IPv6 的 BRAS 设备；替换部分 BRAS 以满足地址需求；主要以 BRAS 插卡方式部署分布式 NAT444 的 BRAS 设备同样通过升级改造支持公网双栈，在 FTTH 及新增用户集中区域以 BRAS 插卡方式部署分布式 DS-Lite；升级 AAA、DNS、网管、ITMS 及 IT 等也是支撑系统，新部署溯源系统。

图4-4　NAT444过渡技术部署示意

| 4.2 落实 IPv6 规模部署改造方案 |

2018 年 5 月 3 日，工业和信息化部下发了关于贯彻落实《推进互联网协议第六版（IPv6）规模部署行动计划》的通知，其中对于国内的运营商主要要求如下。

实施 LTE 网络端到端 IPv6 改造：到 2018 年年末，基础电信企业完成全国范围 LTE 网络、自营业务系统 IPv6 改造，移动互联网 IPv6 用户规模不少于 5000 万户（中国电信和中国联通各 1000 万户、中国移动 3000 万户），新生产移动终端的出厂默认配置支持 IPv4/IPv6 双栈，30 个移动互联网应用（APP）的 IPv6 跨网可访问。

加快固定网络基础设施 IPv6 改造：到 2018 年年末，完成京沪穗郑蓉互联网骨干直联点 IPv6 改造，互联带宽不小于 1 Tbit/s。到 2020 年年末，完成所有互联网骨干直联点 IPv6 改造，开通 IPv6 网间互联带宽不小于 5 Tbit/s。2018 年年末，所有城域网和接入网已完成 IPv6 改造。2018 年第 3 季度末，基础电信企业完成业务运营支撑系统升级改造。

推进应用基础设施 IPv6 改造：2018 年年末，三大电信运营商完成超大型数据中心的 IPv6 改造；三大电信运营商向公众提供服务的云服务平台完成 50% 云产品的 IPv6 改造；三大电信运营商完成递归域名解析服务器的 IPv6 改造。

中国电信为积极响应国家的战略发展，进一步细化落实国家和工业和信息化部的要求，推进 IPv6 规模部署，整个部署工作涵盖网络改造、产品业务升级、支撑系统改造、运营体系优化、安全保障等多方面工作，在无线网、城域网、接入网、数据中心、云资源池、业务平台、办公网络、支撑系统等方面都制定了详细的技术方案和实施办法。重点的工作内容包括以下几个方面。

（1）尽快做好现网摸查，对涉及的骨干网、城域网、接入网、核心网、数据中心、业务平台、支撑系统、安全系统等进行验证测试，摸清现网设备是否具备 IPv6 双栈开放能力。

（2）做好 IPv6 改造的准备工作，面向用户网络，端到端打通全业务 IPv6 支持能力，做好 IPv6 业务开通的准备工作。

（3）完成 IT 系统、支撑系统和相关安全系统的 IPv6 改造，建立面向 IPv6 业务和流量的运维管理、安全管理体系和流程，具备 IPv6 业务受理、开通、运行维护、安全监测和应急响应等能力。

（4）将 IPv6 网络安全防护工作纳入电信和互联网络安全防护体系。开展 IPv6 环境下的网络安全等级保护、三同步和风险评估通报预警等工作，加强基于 IPv6 的网络安全防护手段建设。

（5）按照国家要求，集团将各单位 IPv6 的工作完成情况纳入考核，各单位内部也需对相关部门、下属单位等制定相应的考核办法建设思路。

4.2.1 无线网络

1. IPv6支持现状

4G 无线网对用户业务数据完全透传，对 EPC 分配给用户的 IP 地址不做任何操作，因此，4G 无线网为用户提供 IPv6 业务能力和无线网网络层 IPv6 能力是各自独立的。当前，中国电信的 4G 无线网虽然采用 IPv4 地址和相关技术进行组网，但对于 EPC 为用户分配 IPv6 地址进行上网服务的能力，4G 无线网基站和设备网管软硬件均不需改造或升级。

在无线网中，主要是 LTE 无线网基站设备、网管设备及无线网网络层需要进行 IPv6 的改造。从 4G 无线网网络设备层自身看，中国电信 4G 无线网采用 IPv4 地址和相关技术进行组网，尚不具备 IPv6 网络能力。如需开启无线网网络设备层（含 S1-C 和 S1-U）IPv6 能力，根据调研了解到各个设备厂家的基站和设备网管硬件上基本支持，只需要进行软件升级和相关 IPv6 地址配置等操作；华为、中兴等厂家的基站 IPv6 支持版本目前只有实验版本，后续才提供商用版本；各设备厂家基站和网管在 IPv4/IPv6 单栈 / 双栈实现上存在区别，华为、中兴、诺基亚支持 IPv4/IPv6 双栈；爱立信、大唐只支持单栈（2018 年统计）。

2. 改造方案

在中国电信的现有无线网中，4G 无线网网元数量超百万、6 家无线网主设备厂家基站分布不集中，通常一个地市有两家以上基站设备，因此无线网设备向 IPv6 升级演进需要一个较长的改造、升级、分步实施过程。

用户业务方面，无线网基站设备和网管软硬件均已具备用户 IPv6 地址接入互联网服务的能力，无须任何改造或升级调整。

网络设备方面，4G 无线网网络层 IPv6 升级演进必须在核心网、承载网、时钟服务器部署 IPv4/IPv6 双栈完成的条件下，无线网网管先升级实现对基站 IPv4/IPv6 双栈管理能力，无线网基站（含 S1-U 和 S1-C）再分片完成 IPv6 单栈或 IPv4/IPv6 双栈升级，之后再实现无线网网管设备自身及北向接口的 IPv4/IPv6 双栈、IPv6 单栈演进。

基站与核心网的 S1 接口可以先增加 IPv6 地址，保持双栈，与 IPv6 的核心网业务正常后再删除 IPv4 的配置。

LTE 基站与基站的 X2 接口可以先增加 IPv6 地址，保持 IPv4/IPv6 双栈，业务正常后再删除 IPv4 的配置。另外，LTE 基站与周围基站的连接，包括 X2、S1，以及与网管 OM 接口等，同时完成 IPv6 升级存在过渡时间，所以基站设备最好支持 IPv4/IPv6 双栈。对于只支持单栈的爱立信设备和贝尔设备，基站改造期间异栈 X2 不通，需通过 S1 完成切换，同时建议加快升级进度，完成全网 IPv6 升级。

4.2.2　DNS

1. 现状

DNS 解析是互联网访问的第一步，无论是使用笔记本浏览器访问网络还是打开手机 APP 的时候，访问的第一步必然要经过 DNS 解析流程。对于一个比较复杂的网站来说，DNS 解析时间大概占到初始页面登录时间的 29%，所以整个 DNS 解析的性能对于访问一个网站有着至关重要的作用。如果 DNS 比较差，或者它的稳定性比较差，可能会对用户的访问带来非常大的影响。对于 DNS 的 IPv6 技术改造首先是 DNS 解析服务器的环境要支持 IPv6，能够处理 IPv6 的 DNS 请求，支持 AAAA 系统，支持 AAAA 的权威负载，还有智能线路细分，实现网内双栈统一调度的需求。然后通过自定义的策略，使 IPv6 可以更加正确地进行线路划分。

中国电信 DNS 主要为中国电信网内用户访问网络时提供域名解析服务，由部署在中国电信网内不同位置的缓存服务节点和授权服务节点组成。全网缓存服务节点支持 AAAA 记录查询的设备比例超过 50%，可通过 IPv6 访问的设备比例超过 30%；授权服务节点支持 AAAA 记录查询的设备比例超过 80%，可通过 IPv6 访问的设备比例为 23%，尚不具备全网的 IPv6 解析支持能力，需要各省加快推进省内 DNS 系统的设备改造与软件升级，实现 DNS 全面支持 IPv4 和 IPv6 解析。

2. 改造方案

总体上对 DNS 系统的 IPv6 改造，实现系统对外提供 IPv6 服务地址，支持 AAAA 记录查询，实现 DNS 支持 IPv4/IPv6 双栈运行。

对于不支持 IPv6 的 DNS 及其配套设备进行设备改造和软件升级，可先单独部署一套 DNS IPv6 系统试运行，在组网上采用双协议栈方式实现对 IPv6 和 IPv4 的同步支持，在功能上采用分阶段的方式逐步实现对 IPv6 DNS 解析功能的全面支持。在新部署的 DNS IPv6 系统功能测试完成的情况下，通过对原有 DNS 服务器做相应的软件升级以满足全网对 IPv4/IPv6 需求的支持，而系统原有的组网结构不做改变。

在节点中部署 DNS 安全缓存设备，接入路由设备，双协议栈组网方式以同时支持 IPv4 和 IPv6 的报文解析，在部署双协议栈网络时，主机和路由同时运行两种协议，在与 IPv6 主机通信时，双协议 DNS 服务器采用 IPv6 地址，在和 IPv4 主机通信时双协议 DNS 服务器采用 IPv4 地址，安全缓存设备下联 DNS 递归服务器。系统应实现对不同封装模式 DNS 解析请求的支持。

（1）支持 IPv6 的请求报文，并以 IPv6 报文应答。

（2）IPv4 封装的 A 类请求，返回 IPv4 结果，并封装在 IPv4 报文中。

（3）IPv4 封装的 AAAA、A6 类请求，返回 IPv6 结果，并封装在 IPv4 报文中。

（4）IPv6 封装的 A 类请求，返回 IPv4 结果，并封装在 IPv6 报文中。

（5）IPv6 封装的 AAAA、A6 类请求，返回 IPv6 结果，并封装在 IPv6 报文中。

系统同时完善 DNS 网管系统相应的功能，具备对 IPv6 查询及应答流量的统计、分析能力，并对 DNS 系统内缓存设备、递归设备、授权设备进行 IPv6 部署配置。

（1）缓存设备配置

① 为缓存服务器配置 IPv6 服务地址。

② 配置支持 IPv6 的查询功能，开启对 IPv6 源地址查询的监听。

③ 配置 Forward 至本地递归服务器，实现转发 DNS 请求至本地递归服务器。

④ 设置 TTL 时间来控制 DNS 域名缓存的时间。

⑤ 设备配置完成后，进行 IPv6 解析测试。

（2）递归设备配置

① 为服务器配置 IPv6 服务地址。

② 配置支持 IPv6 的查询功能，开启对 IPv6 源地址查询的监听。

③ 开启 IPv6 递归，支持向 IPv6 单栈授权服务器递归查询。

④ 设备配置完成后，进行 IPv6 解析测试。

（3）授权设备配置

① 为服务器配置 IPv6 服务地址，开启对 IPv6 源地址查询的监听。

② 进行反向域名解析配置，提供 IPv6 地址到域名的对应解析。

③ 配置主辅服务器采用 IPv6 地址通信，要求主机服务器已配置 IPv6 地址，以及配置对 IPv6 地址的监听。

4.2.3　IDC

1. 现状

电信运营商的 IDC 即是 Internet Data Center，是基于 Internet 的网络，为集中

式收集、存储、处理和发送数据的设备提供运行维护的设施以及相关的服务体系。
IDC 提供的主要业务包括主机托管（机位、机架、VIP 机房出租）、资源出租（如虚
拟主机业务、数据存储服务）、系统维护（系统配置、数据备份、故障排除服务）、
管理服务（如带宽管理、流量分析、负载均衡、入侵检测、系统漏洞诊断），以及
其他支撑、运行服务等。对于 IDC 的概念，目前还没有一个统一的标准，但从概念
上可以将其理解为运营商提供商业化的互联网"机房"，同时它也是一种 IT 专业服务，
是 IT 工业的重要基础设施。IDC 不仅是一个服务概念，而且是一个网络的概念，它
构成了网络基础资源的一部分，就像骨干网、接入网一样，提供了一种高端的数据
传输（Data Delivery）的服务和高速接入服务。对于电信 IDC 的 IPv6 改造主要涉及
IDC 的网络层设备，具体包括出口路由器、汇聚交换机、接入交换机等。图 4-5 所
示为电信 IDC 网络层架构。

图4-5　电信IDC网络层架构示意

通常在 IDC 节点设置 2 台出口路由器，作为整个城域 IDC 的网络出口。每台出
口路由器分别通过 $N \times 10GE$ 交叉上连至城域网核心路由器。IDC 至骨干网的流量，
经过本地城域网核心路由器设备，通过 ChinaNet 骨干网设备转接至各地。小带宽
IDC 用户（GE/FE 颗粒电路）通过接入交换机接入，大带宽 IDC 用户（10GE 颗粒电路）
直接连接到出口汇聚设备。

2. 改造方案

总体思路是开启双栈，同时支持 IPv4 与 IPv6 的业务承载。通过升级 IDC 网络层设备并全面开启 IPv6，对于无法升级的设备，将业务迁移到可支持并启用 IPv6 的设备上，及时采购支持 IPv6 的网络设备进行替换。

用户网络设备需要支持双栈。出口路由器、汇聚交换机要求支持并开启双栈，运行 IPv4/IPv6 功能，能够同时承载 IPv4 和 IPv6 业务流量。对未支持 IPv6 的软件，应先通过软件升级支持 IPv6；对已支持 IPv6 的设备，应开启 IPv6 功能。出口路由器应分批次逐步升级，在一台升级稳定运行一段时间后，再升级其他设备。

接入交换机应支持并开启双栈，运行 IPv4/IPv6 功能，为用户同时分配 IPv4 公有地址和 IPv6 地址，提供 IPv4/IPv6 双栈接入能力，同时承载 IPv4 和 IPv6 业务流量。对于不支持 IPv6 的设备，应逐步替换设备，割接业务；对未支持 IPv6 的软件，应先通过软件升级支持 IPv6；对已支持 IPv6 的设备，应开启 IPv6 功能。

用户侧基于现有模式提供双栈接入。对于支持 IPv6 的网络设备，分配 IPv4 公有地址和 IPv6 地址；对于不支持 IPv6 的网络设备，只分配 IPv4 公有地址。

4.2.4 IP 认证计费系统

我国各省分公司都以全程集中的方式部署 IP 认证计费系统（AAA），其中，AAA 主要指身份验证（Authentication）、授权（Authorization）和统计（Accounting）。各级省公司部署的 IP 认证计费系统的主要功能是为全省宽带用户提供认证计费等相关服务。

1. 改造需求

对 IP 认证计费系统的 IPv6 改造是 IT 支撑系统、IP 运营系统应对 IPv6 技术、运营管理需求的一项整体性、系统性改造工程，必须综合协调终端、接入网、城域网、骨干网等网元设备向 IPv6 演进改造，业务运营与网络支撑相辅相成、互相促进。

典型的 IPv6 用户新开及使用流程如图 4-6 所示。

图4-6　IPv6用户新开及使用流程

（1）用户申请开通宽带，CRM 系统通过资源管理系统发现此小区为 IPv6 试点区域，对用户做标识，受理 IPv6 业务。

（2）CRM 系统通过与服务开通系统接口，并将相应的 IPv6 标识传递给服务开通系统。

（3）服务开通系统将用户资料发送到 AAA 系统、VNet 系统，AAA 系统等对用户进行标识，区分 IPv4、IPv6 用户。

（4）网管进行用户线路开通、现场施工完工后，用户受理工单完成。

（5）服务开通系统发送用户资料给认证计费系统，认证计费系统设定 IPv6 相关的资费，用户开始计费。

（6）用户拨号上网，进行 IPv6、IPv4 的 PPP 协商。

（7）BRAS 发送认证请求给 AAA 系统，AAA 系统识别出用户是 IPv6 用户，下发相关的 IPv6 属性。

（8）BRAS 发送上、下线报文给 AAA 系统，AAA 系统采集用户的上网话单，记录相关的 IPv6 信息，并传递给认证计费系统。用户接入网络后，通过 DNS 可访问 IPv6 网络资源。

（9）认证计费系统出用户实际消费账单。

为保证用户 IPv6 端到端业务的顺利进行，IT 支撑系统即 CRM 系统、服务开通系统、资源管理系统需进行 IPv6 改造，支持 IPv6 产品业务开通、资源调度、信息同步等。认证计费系统新增 IPv6 信息的话单解析规则，对计费话单结构进行调整，支持 IPv6 地址及流量信息存放，并完善定价策略，为 IPv6 营销资费及相关捆绑营销提供支撑。IP 运营系统中，DNS 增加对 AAAA 记录、A6 记录的支持，其网络设备支持双栈接入。IPOSS 系统扩充对 IPv6 协议支持，实现对 IPv6 地址资源管理，双栈设备、Trap 告警、流量等管理。其他增值业务系统进行双栈改造，支持 IPv6 用户访问。

从网络结构看，IPv6 各网元网络拓扑结构如图 4-7 所示。

图4-7　IPv6各网元网络拓扑图

为实现 IPv6 运营支持，用户终端须升级具有 IPv4/IPv6 双栈协议的支持能力、双栈应用的承载能力，接入网设备须升级支持 IPv6 业务支持能力及对家庭网关

（PON、DSL、LAN）等终端的承载能力。城域网 BRAS/SR 升级支持双栈，骨干网 PE 支持双栈及 6PE 能力。

2. 改造方案

IP 认证计费系统中升级对 IPv6 协议的支持，主要包括 IP 认证计费系统中对用户提供 IPv6 服务时所增加的相关属性、统计等；IP 认证计费系统本身的 IPv6 化，包括系统本身支持 IPv6 协议栈，各服务器之间，及 Client/Server 之间传递的报文也通过 IPv6 传送。

（1）Radius 改造：增加对 IPv6 属性的支持

① 能够解析认证、计费报文中的 IPv6 属性。

② 认证回应报文中，增加 IPv6 授权属性字段。

③ 对于 IPv6 漫游用户（如 WLAN），支持 Radius 报文的转发。

④ 修改 access.log 的文件结构和产生文件模块。

（2）MDB 认证改造：在原有用户属性校验的基础上，增加以下内容

① 对于通过域名标识用户类似型认证方式，用户登录时如果没带域名做如下处理：双栈用户如果没带域名登录，按普通 IPv4 用户处理；纯 IPv6 用户登录时没写域名，按用户名错误处理；对于采用默认双栈授权方式，无须进行判断。

② 在 IPv6 用户的授权属性中，增加属性字段，包括 Framed-IPv6-Prefix、Framed-Interface-Id、Framed-IPv6-Route 等。

（3）计费改造

① 增加 IPv6 属性支持：在用户上网清单中，记录用户的 IPv6 地址、IPv6 流量；在用户账单中，增加 IPv6 流量信息。

② 通过中间包更新第二协议栈。

对于 IPv6 双栈用户，部分 BRAS 将获取 IPv4、IPv6 协议栈地址作为两个独立的过程，在用户获取第一个协议栈地址成功的情况下即发送计费起始报文，导致 AAA 无法获取两个协议栈地址，此时，设备可以通过实时计费包将未上送的协议栈在线地址信息上发送给 AAA 处理。设备需要保证通过实时计费包上发送的双栈

地址是全部两个协议栈的最新在线地址信息，由 AAA 根据实时计费包中传递的最新的双栈在线地址信息，更新到 AAA 系统存储。考虑到 AAA 系统要处理的实时计费包数据量非常大，建议设备在对此类特殊的实时计费包处理时携带一个特殊的 Radius 属性标记，用于标识该实时计费包为双栈在线地址更新或协议栈变更等引起的。该属性由各设备厂商定义私有的扩展属性，属性值具体定义如下：（0—不处理，1—要处理），即在协议栈变更时，该字段赋值为 1，其他情况该字段可没有（老版本设备），或者为 0，表示不需要更新。

（1）PS 开通改造

① PS 开通模块需要扩展一个字段标识用户的类型。

② 增加对各类 IPv6 用户的属性定义。

（2）Web 业务管理模块改造

需要增加 IPv6 属性的相关内容如下。

① 设备管理，增加内容，以识别 BAS 设备是否支持 IPv6 功能。

② 用户信息管理的增、删、改、查操作，增加用户 IP 类型标识字段、IPv6 地址、IPv6 地址前缀、IPv6 地址接口 ID、委派 IPv6 地址前缀。

③ 在线信息查询，增加 IPv6 地址的查询。

④ 清单查询，增加 IPv6 地址的查询。

⑤ 增加普通用户、双栈用户使用情况的统计内容。

（3）用户在线信息改造

修改用户在线信息属性，增加用户 IP 类型标识字段、IPv6 地址、IPv6 地址前缀、IPv6 地址接口 ID、委派 IPv6 地址前缀等。

（4）数据采集改造

修改数据采集 X-Agent 模块，增加 IPv6 地址、IPv6 地址前缀、IPv6 地址接口 ID、委派 IPv6 地址前缀等。

（5）数据库改造

① 用户信息表、用户历史信息表增加 iptype、IPv6prefix、IPv6interfaceid。

② 在线表增加 IPv6prefix、IPv6interfaceid。

③ 清单表中增加 framedIPv6、IPv6outoctets、IPv6inoctets、IPv6outpackets、IPv6-inpackets、IPv6outovertimes、IPv6inovertimes、ueIPv6prefix。

④ 话单表中增加 iptype、IPv6prefix、IPv6interfaceid、framedIPv6、IPv6outoctets、IPv6inoctets、IPv6outpackets、IPv6inpackets、IPv6outovertimes、IPv6inovertimes、ueIPv6prefix 等。

（6）CRM 系统接口改造

CRM 接口沿用原实时接口。接口字段中，扩展一个字段标示用户的类型（普通 IPv4 用户、纯 IPv6 用户及双栈用户）。

CRM 系统接收到用户注册申请时，根据用户选择的 IP 类型情况设置不同的 IP 类型属性，通过 AAA 受理接口发送至 AAA，不影响原有的其他属性。

（7）计费系统接口改造

计费系统之间的接口沿用原 FTP 传输文件方式，增加用户 IP 类型标识字段。

（8）溯源反查接口改造

在 AAA 系统中增加溯源反查接口，支持 IPv6 地址溯源和 IPv4 私网地址溯源两大类查询。

（9）网厅接口改造

湖北电信网上营业厅与 AAA 系统间开有接口，宽带用户点击"一键登录网厅"后，网厅会根据用户 IP 地址向 AAA 请求用户信息，并直接通过认证。IPv6 改造后，存在用户通过 IPv6 地址和 IPv4 私网地址登录网厅的两种情况，需对网厅与 AAA 之间的接口进行改造，升级为支持 IPv6 地址和 IPv4 私网地址＋端口的方式。

4.2.5　移动承载网

1. 现状分析

中国电信采用 IPRAN 技术建设基站回传网络，IPRAN 中的 IP 指的是互联协议，RAN 指的是 Radio Access Network。相对于传统的 SDH 传送网，IPRAN 的意思是："无线接入网 IP 化"，是基于 IP 的传送网。IPRAN 作为接入网范畴，是中国电信基础承载网的一部分，依托 IP 城域骨干网搭建。上链接入骨干网核心路由器，下链接入移动基站和政企用户。IPRAN 可分为核心层、汇聚层与接入层 3 层，核心层类似城域网核心路由器上链骨干网核心路由器，链接汇聚层由连接 SR/MSE 的 B 类路由器（也叫 IPRAN 汇聚路由器）组成，接入层由连接基站和政企用户的 A 类路由器（也叫 IPRAN 接入路由器）组成。IPRAN 组网结构如图 4-8 所示。

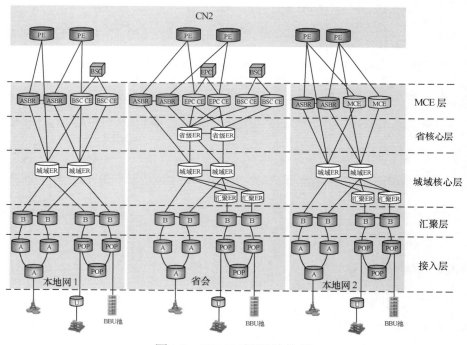

图4-8　IPRAN组网结构图

国内主流的厂家 IPRAN 设备基本支持双栈能力，鉴于 IPRAN 是一个封闭的网络，移动基站回传采用 PW+L3VPN 承载方式，IPRAN 网络不感知终端的 IPv6 化，因此，初期 IPRAN 无须开启 IPv4/IPv6 双栈，能满足 LTE 用户面 IPv6 承载，后续 IPRAN 承载网络以 IPv6 业务为驱动，逐步开启 IPv6 部署。

2. 改造方案

总体来说，通过对 IPRAN 承载网配合完成移动核心网和无线网开启中国电信 4G 现网的 IPv6 用户面能力，为用户面提供 IPv6 业务承载服务。

根据无线网络侧和移动核心网 IPv6 升级改造以及基站侧和核心网侧接入 IPRAN 接口开启 IPv4/IPv6 双栈接入进展情况，IPRAN 承载网以满足移动基站 IPv6 业务承载需求为前提，视情况适时开启 6VPE 承载，后期逐步开启 IPv4/IPv6 双栈和 6VPE 承载场景，同步完成 IPRAN 网管支撑系统 IPv6 改造。

针对 IPRAN 综合承载网络的 IPv6 部署，总体可分为 3 个阶段实施，如图 4-9 所示。

图4-9　IPRAN IPv6部署实施阶段

第一阶段是 UE 与基站的无线侧接口开启 IPv4/IPv6 双栈，基站的网络侧接口仍保留 IPv4 单栈，通过 GTPv4 隧道连接到核心网，核心网开启双栈为 UE 分配 IPv4/IPv6 地址，IPRAN 承载网仍保留 IPv4 单栈方式，采用现有 PW+L3VPN 承载方式满足用户面 IPv6 的需求。

UE 与基站的无线侧接口开启 IPv4/IPv6 双栈，LTE 核心网络开启双栈为 UE 同时分配 IPv4/IPv6 地址，UE 可访问 IPv6 互联网应用或通过 IPv6 互访。基站的网络侧接口仍保留 IPv4 单栈，通过 GTPv4 隧道连接到核心网，IPRAN 承载网无须新增配置，仍保留 IPv4 单栈方式采用现网部署 PW+L3VPN 承载方式满足用户面 IPv6 的需求，具体改造方式如图 4-10 所示。

图4-10　IPRAN IPv6第一阶段改造方式

第二阶段是基站地址和核心网连接 IPRAN 的接口 IPv4/IPv6 双栈化，IPRAN 承载网 A/B/ER 全网设备开启双栈，IPRAN 采用 6VPE 承载方式，A 设备配置 ARP IPY4 代理与 NDP 支持对基站侧的 IPv6 代答，需要 A 设备支持 N 双发，B 设备支持 ND 代理和 6VPE 业务接入。

6VPE 是在 IPv4 MPLS 网络的基础上叠加 IPv6 VPN，IPv6 VPN 通过 MP-BGP（Multiprotocol Extensions for BGP-4）在骨干网发布 VPNv6 路由信息，通过触发 MPLS 分配标签来标识 IPv6 报文，并使用 LSP、MPLS TE 等隧道机制在骨干网上实现私网数据的传送。

基站侧地址和核心网侧连接 IPRAN 的接口部署 IPv4/IPv6 双栈接入时，IPRAN 承载网 M/B/ER 全网设备开启双栈，IPv6 VPN 的承载需要 A 设备支持 ND 双发，B 设备 L3 网关接口在现有的 IPv4 地址的基础上，开启 IPv6 地址，用于基站 IPv6 地址的网关，支持配置 ND 代理和 6VPE 业务接入，把 IPv6 流量导入 IPv6 VPN，RR 和 ER 设备开启 6VPE 接入和 BGP IPv6 地址族传递 IPv6 VPN 路由 ER 通过 Option A 方式发布给 CN2，CN2 再将 IPv6 路由通过 Option A 方式发布给 CE 设备，具体改造方式如图 4-11 所示。

图4-11　IPRAN IPv6第二阶段改造方式

第三阶段是全网开启 IPv6 单栈，IPRAN 承载网设备及协议全部切换到 IPv6-IPRAN 承载政企专线场景。

此外，政企专线通道采用 MS-PW 端到端二层通道，在 MPLS L2VPN 技术中，IPRAN 网络设备不感知对用户面网络层 IPv6 化，所以现有 IPv4/MPLS 网络不需要升级即可支持，为保持网络承载统一性，具体实施方案可同基站回传阶段保持一致。

4.2.6　LTE 核心网

1. 现状分析

在目前运营商 LTE 的主流网络架构中，大体分为 3 个部分：用户设备（UE）、进化 UMTS 地面无线接入网（E-UTRAN）和分组核心演进（EPC），LTE 网络架构如图 4-12 所示。

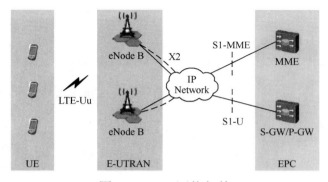

图4-12　LTE网络架构

其中，核心网是移动网络演进的重点，核心网设备包括 MME、HSS、S-GW、P-GW、PCRF 等，LTE 核心网架构如图 4-13 所示。

图4-13　LTE核心网架构图

（1）移动性管理实体（Mobility Management Entity，MME），包括 NAS 信令安全和处理、S/P-GW 选择、用户鉴权和授权、承载和移动性管理等。

（2）归属用户服务器（Home Subscriber Server，HSS），提供用户签约信息管理和用户位置管理。

（3）服务网关（Serving Gateway，S-GW），终结 EPC 和 E-UTRAN 之间的接口，3GPP 内不同接入网络间的锚点。

（4）P-GW（PDN Gateway），其中，PDN（Packet Data Network）指采用分组数据网，泛指移动终端访问的外部网络。P-GW 被称为 PDN 网关，是 3GPP 接入和非 3GPP 接入网络之间的锚点。P-GW 作为 PCEF，执行计费和 QoS 策略。

（5）HRPD 服务网关（HRPD Serving Gateway，HSGW），支持 eHRPD 可信接入 3GPP EPC 网络。

（6）3GPP AAA，用于非 3GPP 接入 3GPP EPC 网络提供鉴权和 P-GW 标识登记。

（7）策略和计费规则功能（Policy and Charging Rule Function，PCRF），提供基于用户签约的动态 QoS 和计费策略控制。

（8）DNS（域名管理系统）服务器接收来自 LTE 网络中设备的域名解析请求，完成域名地址到 IP 地址的解析。

（9）CG：离线计费时，HSGW、S-GW 和 P-GW 采集到计费信息后，产生 CDR，通过 Ga 接口传递给 CG，由 CG 进行话单文件的生成，通过 Bp 接口传递给计费系统。

中国电信 LTE 核心网已具备为用户提供 IPv6 上网服务（用户面 IPv6）的能力。4G 网络启动 IPv6 的重点工作在于对各个 EPC 网元进行对应的 IPv6 能力配置；分配移动互联网用户的 IPv6 地址池；配置实现 4G 网络与 163 互联网的 IPv6 路由对接等。

2. 改造方案

总体上对 LTE 核心网 EPC 内各设备进行 IPv6 升级改造，梳理 EPC 网络设备配置方案，配置 EPC 网络设备 IPv6 双栈。同时 IT 服务开通系统、计费系统识别 IPv6 改造，网络侧与 IT 侧配合完成现有用户的 IPv6 用户数据批量修改，对网管及其他周边系统展示 IPv6 用户话单改造。

（1）核心网元改造方案

① MME

➤ 检查相关 License、打开 MME 支持 IPv4/IPv6 双栈、承载上下文的开关。

➤ 设置 MME 允许在单一 PDN 连接支持双栈，MME 发起的 Create Session Request 消息中设置"Dual Address Bearer Flag"。

➤ 设置 MME 发起的 Create Session Request 消息中 IPv6 Prefix Length 的取值，以便兼容不同厂家设备。

② S-GW/P-GW

对 S-GW/P-GW 设备需要进行能力配置、设置 IPv6 地址池、打通与 163 网之间的 IPv6 路由、支持 IPv6 用户的离线和在线计费。

➤ 检查相关 License、打开 S-GW/P-GW 支持 IPv4/IPv6 双栈、承载上下文的

开关。

➤ 检查相关 License、打开 S-GW/P-GW 支持 IPv4/IPv6 双栈话单的开关，离线 CDR 增加支持 IPv6 信息内容（IPv6 地址、地址分配类型、PDN 类型）。

➤ 检查相关 License、打开 P-GW 支持 IPv4、IPv6 双栈话单的开关，在线 CCR 计费增加支持 IPv6 信息内容（IPv6 地址、PDN 类型）。

➤ 检查相关 License、打开 P-GW 的 SGi 接口支持 IPv6 组网的开关。

➤ 基于集团前期下发的 IPv6 地址规划方案，在 P-GW 上为特定 APN（当前为 ctnet、ctlte）增加配置 IPv6 地址池，用户的 IPv6 地址分配采用无状态配置方式。

➤ 配置 P-GW 到 163/EPC CE 的 IPv6 路由。

➤ 配合 DNS IPv6 改造，在 P-GW 增加配置，在为终端分配地址时也将该 DNS 发给终端，使得终端可以访问 IPv6 地址的 DNS。

➤ 检查相关 License、打开内容计费开关、支持对 IPv6 业务规则 / 策略的配置、对 IPv6 业务进行多层过滤解析和流量统计。

③ HSGW

对 HSGW 设备进行能力配置、支持 IPv6 离线计费、支持 IPv4/IPv6 双栈。

➤ 检查相关 License、打开 HSGW 支持 IPv4/IPv6 双栈、承载上下文的开关。

➤ 检查相关 License、打开 S-GW/P-GW 支持 IPv4/IPv6 双栈话单的开关，离线 CDR 增加支持 IPv6 信息内容（IPv6 地址、地址分配类型、PDN 类型）。

④ PCRF

对 PCRF 设备需要进行能力配置，支持 IPv4、IPv6 双栈、承载上下文。

➤ 检查相关 License、打开 PCRF 支持 IPv4、IPv6 双栈的开关、支持用户地址 Framed-IPv6-Prefix。

➤ 检查相关 License、打开流量策略 / 计费策略的开关、支持 IPv6 流量的策略控制。

⑤ CG

对 CG 设备进行能力配置，S-GW/P-GW 的 CDR 支持 IPv6 信息内容。

检查相关 License、打开 CG 支持 IPv4/IPv6 双栈话单的开关，离线 CDR 增加支持 IPv6 信息内容（IPv6 地址、地址分配类型、PDN 类型）。

⑥ DRA

对 DRA 进行能力配置，支持根据用户的 IPv6 地址进行会话绑定和信息同步。

➤ 检查相关 License、打开 DRA 支持用户 IPv6 地址的开关、支持用户地址 Framed-IPv6-Prefix。增加配置 DRA 能够针对用户 IPv6 地址实现会话绑定和会话信息同步。当前阶段在省 DRA 配置。

➤ 配置 DRA 能够基于用户 IPv6 地址段的 Rx 消息路由，配置在省和集团两级 DRA 上。

⑦ 3GPP AAA

对 3GPP AAA 进行配置，支持接收 HSS 下发的用户 APN 的签约的 Allowed PDN Type 为 IPv4v6。

检查相关 License、打开 3GPP AAA 支持用户 Allowed PDN Type 为 IPv4v6 开关。

（2）IT 系统配合改造方案

IT 系统配置/改造支持对移动 IPv6 用户的服务开通、计费处理、IPv6 流量业务的配置。

① 服务开通系统：通过该系统，能够实现将 HSS 中用户特定 APN 的 PDN Type 设置为 IPv4v6。

② 计费处理系统：支持 CG 传来的话单的 IPv6 相关信息的识别读取；支持后付费用户的账务处理；支持对 IPv4v6 预付费用户的在线计费控制；支持对 IPv6 基于业务流的计费。

（3）核心网骨干网的 IPv6 对接方案

① DNS

配置现网 163 的承载与 IPv4 的 DNS 支持 AAAA 记录。

② EPC 网络 IPv6 承载方案

利用 EPC CE 的综合承载能力，在 EPC CE 和 P-GW 对应的 VPN 上开启双栈功能，实现 IPv6 业务的承载。

（4）P-GW 与 EPC CE 之间的 IPv6 互通（两种建设方案）

方案一：在 ctnet、ctlte 等 APN 所绑定的 VPN 上开启双栈功能。EPC CE 的 CDMA-PI0 VPN 上开启双栈功能，在 P-GW 的 CDMA-PI3 VPN 内采用新增子接口的方式使 IPv6 互联地址与 EPC CE 的 CDMA-PI0 VPN 互联。EPC CE 与 P-GW 之间通过静态路由方式完成 IPv6 路由互通，详见图 4-14。

① P-GW 在 CDMA-PI3 VPN 内，将 IPv6 缺省路由指向与 EPC CE CDMA-PI0 VPN 互联的 IPv6 接口地址。

② EPC CE 在 CDMA-PI0 VPN 内，将到 P-GW IPv6 用户地址池的明细路由指向 P-GW CDMA-PI3 VPN 互联的 IPv6 接口地址。

图4-14　方案一IPv4/IPv6 双栈互通示意

方案二：将 ctnet、ctlte 等 APN 的 IPv4 地址池绑定在 CDMA-PI3 VPN；将 ctnet、ctlte、ctwap 等 APN 的 IPv6 地址池统一绑定在 CDMA-PI0 VPN，该 VPN 开启双栈功能。

在 EPC CE 的 CDMA-PI0 VPN 上开启双栈功能，在 P-GW CDMA-PI0 VPN 与 EPC CE CDMA-PI0 VPN IPv6 互联链路上新增 IPv6 互联地址。EPC CE 与 P-GW 之间通过静态路由方式完成 IPv6 路由互通，详见图 4-15。

① P-GW 在 CDMA-PI0 VPN 内，将 IPv6 缺省路由指向与 EPC CE CDMA-PI0 VPN 互联的 IPv6 接口地址。

② EPC CE 在 CDMA-PI0 VPN 内，将到 P-GW IPv6 用户地址池的明细路由指向 P-GW CDMA-PI0 VPN 互联的 IPv6 接口地址。

图4-15　方案二IPv4/IPv6 双栈互通示意

（5）EPC CE 与 163 网 C/D 路由器之间的 IPv6 互通

在 EPC CE 的 CDMA-PI0 VPN 上开启双栈能力，具备 IPv4 和 IPv6 的承载能力。通过 CDMA-PI0 VPN 与 163 网之间的互通，完成 IPv6 业务的承载。

在 EPC CE CDMA-PI0 VPN 与 163 网 C/D 路由器互联的物理链路上新增 IPv6 互联地址口。EPC CE 与 163 网 C/D 路由器之间通过 EBGP 方式互通 IPv6 路由。相关互通策略如下。

① 优先采用直连 IPv6 链路地址建立 EBGP 邻居。

② EPC CE 配置路由策略，采用 MED 控制 CE 入方向的流量，采用 Local-Pre-Ference 控制 CE 出方向的流量。

③ 启用 BFD 关联 EBGP 实现快速故障发现。

④ EPC CE 按照白名单的方式向 163 网发送 CDMA-PI0 VPN 内各 P-GW IPv6 地址池汇总路由 A，实现流量流向调整。

⑤ EPC CE 接收 163 网发布的 IPv6 缺省路由。

⑥ EBGP 连接不做 MD5 认证。

⑦ 关闭 Dampe 以加速收敛。

⑧ 时间设置：Keepalive 设为 30 s，Hold Time 设为 90 s。

⑨ 打开 BGP 多路径 EIBGP Maximum-Paths 8。

（6）EPC CE 上 CDMA-PI0 VPN 安全策略的部署

由于 EPC CE 的 CDMA-PI0 VPN 通过 IPv6 的连接实现与互联网的互通，EPC CE 作为 EPC 网络设备与互联网设备之间的边界设备，安全策略如下。

① 在 EPC CE 与 P-GW 互联的链路上开启 URPF 监测功能，限制非法源 IP 地址访问互联。

② 在 EPC CE 与 163 网互联的链路上，开启 ACL，仅允许源 IP 地址或者目的 IP 地址为 P-GW IPv6 地址池的流量通过。

其他部分改造方案如下。

（1）HSS 中 PDN Type 的签约

对于存量用户，将存量用户 HSS 中 APN 的 PDN Type 签约设置为 IPv4v6 双栈。

对于增量用户，通过 IT 开通服务接口实现用户 HSS 中的 PDN Type 签约设置为 IPv4v6 双栈。

（2）EPC 网管

统一网元库采集的用户话单需要展示 IPv6 的信息字段、用户签约信息需要展示 IPv6 属性。

4.2.7　办公局域网

1. 现状分析

中国电信各分公司办公局域网采用 IPv4 网络地址通信，提供办公业务网络服务。

网络设备通过路由设备、交换设备、安全设备、无线设备及服务应用系统组网建设。通过使用 IPv4 私有地址和相应的路由协议进行内部网络设计，通过互联网专线连接实现对外公网访问和服务的需求。

2. 改造思路

由于办公网以 IPv4 网络为主，整个企业及业务应用还是处于 IPv4 阶段，办公网 IPv6 目前正在进行逐步改造，因此很长时间内处于 IPv4/IPv6 网络共存的阶段。

因为 IPv6 具有实际部署涉及范围广和技术复杂性的特点，在办公网 IPv4 向 IPv6 网络改造的过程中，要充分考虑如何降低网络和割接风险，采用平滑过渡方式。平滑过渡方式的原则如下。

➢ 针对办公网全新建设的网络需求，在规划阶段按照 IPv4/IPv6 双协议栈进行规划和设计，使建设完成后的网络系统原生支持 IPv4/IPv6 双栈。

➢ 网络设备：网络设备采用业界支持 IPv4/IPv6 双栈的主流设备，能够同时支持 IPv4、IPv6 路由及协议。

➢ 服务器：客户端、服务器的硬件和操作系统采用成熟的、能够支持 IPv4/IPv6 双协议栈的硬件和软件。

➢ 重要业务系统及应用在不影响业务系统运行的条件下，通过改造支持 IPv4/IPv6 双协议栈。

➢ 在不改变网络结构和用户使用网络方式的情况下，新建一套核心网络设备，在新旧设备共存期间内，分批次将现有用户和网络业务迁移到新建核心设备，实现网络业务平滑过渡，降低对现网用户和业务的影响。

➢ 对于调研后可以支持 IPv6 的现网设备，通过升级支持 IPv4/IPv6 双协议栈，升级后能够同时支持 IPv4/IPv6 路由和路由协议。针对个别老旧、完全不支持 IPv6 协议栈的边缘网络设备进行设备替换，替换为支持 IPv4/IPv6 双协议栈及路由的网络设备。

➢ 在 IPv4/IPv6 网络共存的阶段，原有 IPv4 用户访问 IPv6 应用，或 IPv6 用户访问 IPv4 应用需要采用协议转换技术。

> 增加了支持 IPv4/IPv6 双栈技术的自动化运维 IT 支撑系统、网络安全平台、地址管理系统等新型网络平台系统。

3. 改造方案

办公局域网改造实施方案的主要建设内容如下。

> 申请资源，使得网络出口链路支持 IPv6。

> 优化现有网络架构，将相关业务进行平滑过渡割接。对现网较老旧和不支持 IPv6 的设备进行替换升级，新购设备按照 IPv6 标准选型入网，使建设完成后的网络系统完全支持 IPv4/IPv6 双栈。

> 现网设备开启双栈，同时承载 IPv4 和 IPv6 互联网流量，互联网出口链路进行升级改造。

> IPv6 路由设计、路由策略、流量流向等与 IPv4 保持一致，业务承载方式与 IPv4 保持一致，双栈流量对现有的业务不产生影响。

> 实现自动化运维 IT 支撑系统、网络安全平台、地址管理系统应用的 IPv6 需求。

（1）数据通信设备改造

办公局域网数据通信设备的部署改造点主要包括互联网出口层、核心网路由器、汇聚层和接入层设备。

对互联网出口路由器和防火墙、IPS、DDoS 等外网安全设备实施 IPv6 协议开启，实现互联网路由协议互通；将互联网出口链路进行升级改造，开启双栈实现 IPv4 和 IPv6 互联网资源访问；IPv6 网络安全部署实施。

办公网核心层、汇聚层及接入层数据通信设备开启双栈，启用 IGP；配置 IPv6 相关路由策略与 IPv4 保持一致；对 IPv6 网络安全部署实施；对 IPv6 相关 DHCP、DNS 功能部署实施。

（2）自动化运维 IT 支撑系统

建设相应的 IPv6 网络管理和支撑系统。自动化运维 IT 支撑系统在全面兼容 IPv6 技术的基础上，实现网管的设备管理、资源管理、故障管理、拓扑管理等。在兼顾 IPv4 网络管理，可通过升级 IPv4 现有网络管理系统支持 IPv6 的运营管理，或新建以 IPv6 为最终管理目标的网络管理系统。

升级改造后的网络管理系统必须同时支持对 IPv6 网络和 IPv4 网络的管理。系统将保留 IPv4 网络管理系统的所有功能，在此基础上针对 IPv6 进行相关的功能扩展，将 IPv4 和 IPv6 的管理集成到一套系统中；同时支持对 IPv4 MIB 和 IPv6 MIB 信息的采集；网管通信协议栈可以自动适应 IPv4 或者 IPv6 网络。

在对网络管理系统进行 IPv6 升级改造的过程中，要考虑到系统能够非常灵活和方便地集成各设备厂商的 IPv6 设备，同时应能够适应基于 IPv4 和 IPv6 的网管协议的发展，平滑地升级。系统同时支持基于 IPv4 和 IPv6 的 SNMP 协议栈产品，仅通过简单的配置便可以实现基于 IPv4 和 IPv6 两种类型的网管通信协议的连接。采用灵活的、可配置的插件式的网管接口适配方案，不同厂家、不同型号的 IPv6 设备都可以方便地纳入网络管理系统的统一管理。

（3）网络安全平台

建设基于支持 IPv6 安全防护单元的网络安全运营服务平台，确保下一代互联网 IPv6 网络应用的安全稳定地运行。新建的安全运营平台主要实现以下功能。

网络安全平台通过 IPv6 采集器监测采集数据点，全部数据业务和监测点数据在平台侧传输中均支持 IPv6，促进办公网业务整体向 IPv6 迁移。

部署基于 IPv6 协议栈系统架构的入侵检测系统（IDS），辨识 IPv6 通信流量。在 IPv6 环境下深度入侵检测技术和基于 IPv6 地址格式的安全策略，为 IPv6 网络服务提供可靠的网络入侵检测服务。

利用大数据技术对采集的 IPv6 数据进行分布式缓存、分布式索引，对结构化和非结构化数据进行分类存储，并在此基础上利用机器学习、统计分析、特征检测、全文检索、事件关联分析等技术手段结合威胁情报信息进行深度数据挖掘和威胁信息检测，进而感知整网安全态势，发现 IPv6 网络应用在演进和使用过程中潜在的网络攻击。

（4）IPv6 地址管理系统

新建 IPv6 地址管理系统对新型网络中的 IPv6 地址进行管理。IPv6 地址管理系统主要功能如下。

➢ 可视化运维界面，支持全网地址数据采集，关键设备地址实时监控，避免地址冲突故障和地址盗用问题。

➢ 申请与分配全自动记录，自动完成业务及用户 IP 与终端 MAC 捆绑。

➢ 快速连续地生成地址块，便于聚合路由。

➢ 加强网络安全，验证用户的身份、可追溯地址的用户身份。

➢ 业务地址自动化申请流程，基于业务申请审批记录，匹配用户申请部门分配用户相应访问权限。

➢ 提升网络运维质量，快速查询 IP 地址接入定位。

➢ IPv4 向 IPv6 地址过渡转换地址登记、统计功能。

4.2.8　城域网

1. 现状分析

中国电信各省城域网以扁平化结构为主，城域骨干网由核心层、业务接入控制层组成，接入控制层 MSE/BRAS/SR 直连城域网出口 CR 设备。其典型网络结构如图 4-16 所示。

图4-16　城域网网络结构示意

城域网 CR 以 400G/100G 平台为主，主要设备型号以思科的 CRS-3、CRS-X，华为的 NE5000-X16、NE5000E-X16A，中兴的 T8000-18 为主。业务接入控制层 MSE/BRAS/SR 以 100G/40G 平台为主。MSE 主要包括华为的 NE40E-X16、中兴的 M6000-18S、诺基亚的 7750-SR12 等，全面支持 IPv6。BRAS 主要包括华为的 ME60-16/ME60-X16、中兴的 M6000-16、诺基亚的 7750-SR12 等。SR 主要包括华为的 NE40E/NE80E/NE40E-X16、中兴的 M6000-8/M6000-16、诺基亚的 7750-SR12、思科的 7609/ASR9000 等。上述提到的 CR/MSE/BRAS/SR 都已基本全面支持 IPv6。

2. 改造思路

城域网在 IPv6 演进的过程中扮演着十分重要的角色，不光电信运营商，本书后面提到的中央企业、政务的门户网站改造场景中，城域网都是必不可少的环节。城域网 IPv6 规模部署的总体思路是开启双栈，同时支持 IPv4 与 IPv6 业务承载。

城域骨干网 CR 已基本支持 IPv6，规模部署时重点实现全面开启 IPv6。对于可升级支持 IPv6 的 MSE/BRAS/SR，升级设备并全面开启 IPv6，对于少量无法升级支持 IPv6 的 BRAS/SR，应分阶段逐步将业务迁移至可支持并开启 IPv6 的设备上。同时，为实现 IPv6 业务端到端开通以及网络管理，IP/IT 支撑系统需要支持双栈业务开通和运营，用户终端需要逐步支持双栈。

3. 改造方案

（1）双栈技术

双栈是在目前 IPv4 协议栈的基础上叠加 IPv6 协议栈，需要在相应的网络设备、应用、软硬件终端上开启 IPv6 协议栈，形成与现有 IPv4 流量转发独立的 IPv6 流量通道。

双栈技术可以实现城域网向 IPv6 平滑迁移，其技术实现的重点主要在相关网元对 IPv6 的支持程度上。城域网双栈承载需要核心层 CR 支持 IPv6 并开启 IPv6 路由协议；业务接入控制层 MSE/BRAS/SR 支持 IPv6，开启 IPv6 路由协议，配置 IPv4/IPv6 双栈地址池，配置 IPv6 接入所需要的协议，包括 PPPv6、SLAAC、DHCPv6 和 Radius IPv6 扩展等。

在城域网部署双栈接入时，MSE/BRAS/SR 在现有的 IPv4 地址池的基础上，还须配置两个 IPv6 地址池，一个用于为路由型 CPE 的 WAN 口或桥接型 CPE 终端分配 IPv6 地址；另一个用于为路由型 CPE 的 LAN 口分配 IPv6 用户前缀。

针对路由型双栈用户，MSE/BRAS/SR 为 CPE 同时分配一个 IPv4 地址、两段 IPv6 地址前缀（一段用于 CPE 的 WAN 口，另一段用于 CPE 下终端的上网地址的分配）；CPE 再为 LAN 口连接的终端分配本地的私有 IPv4 地址和 IPv6 地址，CPE 承担 IPv4 的公、私地址转换功能和 IPv6 前缀的 DHCP 分配功能。

针对桥接型公网双栈用户，MSE/BRAS/SR 给终端直接分配一个公有 IPv4 地址和一段 IPv6 前缀。

如图 4-17 所示，桥接型 CPE 接入的用户与路由型 CPE 接入的用户的地址分配过程略有不同。前者由主机发起接入流程；后者由 CPE 发起接入流程，需要运行

DHCP PD，从 MSE/BRAS 获取 IPv6 PD 前缀，用于为主机分配 IPv6 地址。

（a）桥接型 CPE 用户

（b）路由型 CPE 用户

图4-17　两种CPE接入的用户的地址分配过程

桥接型或路由型 CPE 接入的用户，IPv4 和 IPv6 地址分配过程不相同。在 IPCP 结束时，用户终端（路由型 CPE 或主机）获得 IPv4 地址和 DNS 服务器的 IPv4 地址；在 IPv6CP 结束时，用户终端只获得接口 ID（长度为 64 位）。

在获得接口 ID 后，用户终端发送 RS 消息，与 MSE/BRAS 协商 IPv6 前缀；BRAS 通过 RA 消息携带 /64 的 IPv6 前缀，同时设置"0"位，通知终端通过无状态 DHCPv6 获得 DNS 服务器地址。当 DNS 服务器只有一个 IPv4 地址时，不需要设置 RA 消息的"0"位。

当获得 /64 的 IPv6 前缀和 DNS 服务器地址后，桥接型 CPE 接入的用户主机就完成了接入过程，可以访问互联网。路由型 CPE 接入的用户终端还需要发起 DHCPv6 PD 获得 LAN 口的 IPv6 前缀（前缀长度通常为 /56）。当获得 /56 的 IPv6 前缀后，路由型 CPE 通过 RS/RA 消息为后端主机分配 IPv6 前缀（长度为 /64）。通常来说，路由型 CPE 需要运行 DNS 代理功能，代理主机完成域名解析。

（2）CR 配置方案

城域网 CR 要求支持并开启双栈，运行 IPv4/IPv6 功能，能够同时承载 IPv4 和 IPv6 业务流量。对软件版本未支持 IPv6 的，应先通过软件升级支持 IPv6；对已支持 IPv6 的设备，应启动 IPv6 功能。在现有网络架构下，城域网至少有两台 CR 设备，应分批次逐步升级，在一台升级的 CR 稳定运行一段时间后，再升级其他设备。CR 设备配置内容主要包括以下几个方面。

➢ 开启 IPv6 协议栈，同时运行 IPv4/IPv6 功能。

➢ 配置 IPv6 LOOPBACK 地址、接口 IPv6 地址。

➢ 运行 IGP 路由协议，通告城域网内用户路由、设备路由。原来运行 OSPF 路由协议的 CR，同时运行 OSPFv3，所有端口启用 OSPFv3；原来运行 ISIS 协议的 CR，同时运行 ISIS/ISISv6，所有端口启用 ISISv6，开启多拓扑功能。Cost 值继承原有 IPv4 Cost 值。

➢ 与 ChinaNet 路由器、CN2 P/PE 路由器之间运行 EBGP4+，交互 IPv4 和 IPv6 路由；与 BRAS 之间运行 IBGP4+，交互 IPv4 和 IPv6 用户路由信息。

➢ 配置 IPv6 静态路由。具体类型包括指向对端设备 LOOPBACK 地址的静态路由，本地 IPv6 汇总路由，以及直连 CR 的平台静态路由等。

（3）MSE/BRAS/SR 配置方案

城域网 MSE/BRAS/SR 要求支持并开启双栈，运行 IPv4/IPv6 功能，为用户同时分配 IPv4 公有地址和 IPv6 地址，提供 IPv4/IPv6 双栈接入能力，同时承载 IPv4 和 IPv6 业务流量。对于不支持 IPv6 的设备，应逐步替换设备，割接业务；对于未支持 IPv6 的设备，应先通过软件升级支持 IPv6；对于已支持 IPv6 的设备，应开启 IPv6

功能。

用户侧基于现有模式提供双栈接入。对于支持 IPv6 的终端，终端分配 IPv4 公有地址和 IPv6 地址；对于不支持 IPv6 的终端，终端只分配 IPv4 公有地址。

MSE/BRAS/SR 配置内容包括基本配置和路由协议配置两个方面。

① 基本配置

➢ 全局模型下开启 IPv6 协议栈，同时运行 IPv4/IPv6 功能。

➢ 配置设备 LOOPBACK 接口的 IPv6 地址。

➢ 上行三层接口开启 IPv6，并配置 IPv6 地址。

➢ 下行三层接口开启 IPv6，支持 PPPoE 和 IPoE 接入。

➢ 配置 IPv4 公有地址池、IPv6 地址池以及 IPv6 PD 前缀池。

➢ 配置其他用户信息，包括用户类型、Domain、用户的接入认证计费方式、接入认证计费服务器地址及参数等。

➢ 运行 IPCP/IPv6CP，支持 PPPoE、IPoE 接入，为用户分配 IPv4 公有地址和 IPv6 地址。

② 路由协议配置

全局运行 IGP 路由协议，在设备的 LOOPBACK 接口以及三层上连接口开启 ISISv6。原来运行 OSPF 路由协议的 MSE/BRAS/SR，同时运行 OSPv3；原来运行 ISIS 协议的 MSE/BRAS/SR，同时运行 ISIS/ ISISv6，开启多拓扑功能。

配置 BGP 路由协议，与两台 CR 之间建立 IBGP4+ 邻居关系，与城域网 CR 设备之间运行 IBGP4+，交互 IPv4 和 IPv6 用户路由信息。

（4）终端要求

用户终端包括路由型 CPE、桥接型 CPE、拨号软件、PC。其中，桥接型 CPE 采用报文穿透方式，不影响用户接入。拨号软件应能发起 PPPoE 拨号，并支持双栈接入功能。PC 主机应开启双栈，配置 IPv4 和 IPv6 地址，并通过 IPv4 公有地址或 IPv6 地址访问互联网。

主机及软终端的要求：主机运行双栈，安装软终端；支持 PPPoE 拨号，运行

IPCP 和 IPv6CP；支持通过 DHCP、NDRA 等方式获得并配置 IPv4 公有地址和 IPv6 地址。

路由型 CPE 的要求：运行双栈；能够发起 PPPoE 拨号，支持 IPCP 和 IPv6CP；从网络侧自动获取 WAN 口地址，支持同时获得 IPv4 公有地址和 IPv6 地址；支持 DHCPv6 PD，从网络侧自动获得主机的 IPv6 前缀。

（5）支撑系统要求

IP 支撑系统应支持双栈用户终端认证、授权、计费以及访问互联网等；IT 支撑系统支持在各子系统传递用户 IPv6 属性信息，并支持用户受理、开通、装维等功能；ITMS 系统应具备远程管理路由型 CPE 的能力，尤其应具备开启、关闭 IPv6 接入功能。

IP 支撑系统包括如下内容。

➤ AAA：支持 IPv4/IPv6 用户认证、授权和计费；支持 IPv4 和 IPv6 用户溯源。

➤ DNS：支持 A 记录和 AAAA 记录域名解析。

➤ 网管系统：能够管理 IPv4 和 IPv6 逻辑网络及其设备，下发配置参数。

IT 支撑系统包括如下内容。

➤ 支持双栈用户受理、开通、装维等流程。

➤ 支持 IPv6 用户属性在各子系统之间的传递。

ITMS 系统包括管理 CPE，支持下发、修改、删除 IPv6 配置参数。

4.2.9 接入网

1. 现状分析

目前，中国电信的有线接入网以 PON 方式为主，网络架构以扁平化为主。接入方式分为 FTTH、FTTB+LAN 和 FTTB+DSL 3 种。如图 4-18 所示，接入网属于两层网络，宽带上网业务通过 PPPoE 方式承载，语音和 iTV 业务通过 IPoB 方式承载。用户侧终端通过家庭网关、MxU、OLT、汇聚交换机与接入控制层的 MSE/BRAS/SR 等设备进行互联。

图4-18　接入网网络结构图

接入网设备类型以 OLT 和 ONU 为主，现网中，绝大部分的 OLT、MxU 设备已经或者通过软件版本升级后可以支持 IPv6 功能。但部分早期入网的老旧设备不能支持 IPv6 DHCP 报文的透传等相关 IPv6 报文，需要替换设备。

2. 改造思路

从对各厂家的调研结果来看，目前主流的接入网设备以及用户端设备已基本具备 IPv6 的能力。接入网 IPv6 规模部署首先需要确认设备版本信息，以确保 OLT 和 ONU 设备支持并识别封装了 IPv6 报文的以太网帧或 GEM 帧，同时需要支持 IPv4 与 IPv6 业务在接入网中的同时承载。ONU 设备需要配置 IPv6 地址的获取方式及用户终端设备的地址分配方式。规模部署时原则如下。

（1）升级后可支持 IPv6 功能的设备进行升级。

（2）现网少量硬件不支持 IPv6 功能的设备，应分阶段逐步迁移至支持 IPv6 功能的设备。

3. 改造方案

（1）接入网 IPv6 实施资源需求

从技术角度上讲，接入网是一个两层网络，业务报文均封装在以太网帧中在设备间进行传送。接入网设备目前主流的转发规则包括 MAC+VLAN ID 和 CVLAN+SVLAN 两种方式，因此接入网设备在大部分情况下不涉及 IP 地址类型的问题。无论是 PON 还是 DSLAN，均服务于业务透传，现阶段接入网设备本身对 IP 没有更多需求，但在未来接入网引入三层功能以后，可能对接入设备的 IPv6 功能及协议提出了更多的需求。

因此接入网在 IPv6 升级改造过程中对网络硬件、工程集成、系统改造等资源需求不是很强烈，独立性较强，具体内容如下。

➤ 老旧设备需要退网：接入网设备大部分（OLT 和 ONU）可以通过软件升级支持 IPv6。现网有部分早期部署的老旧设备硬件不支持 IPv6，此类设备需要做退网处理。

➤ 宽带上网、语音业务均是封装在以太网报文进行透传处理，因此接入网设备对 IPv6 报文不做解析处理。

➤ 组播业务取决于组播复制点的位置，接入设备仅须支持 DHCPv6 Option 18 和 Option 37 功能、MLD Proxy、MLD Snooping 功能即可。目前接入网设备具备该功能。

➤ 安全方面，接入网设备需要做到防 ICMPv6 攻击、防 ND 攻击、基于 IPv6 的 ACL 规则过滤等几方面内容，目前接入网设备具备该功能。

（2）OLT/CPE 配置方案

网关型 ONU 配置方案，通过 ITMS 下发配置，主要包括如下内容。

➤ 配置"前缀获取方式"信息，获取 LAN 侧的前缀信息，用于 PC 进行分配。

➤ 配置"IP 地址获取方式"，表示 WAN 口的地址获取方式，用于 CPE 的管理。

➤ 配置"地址 / 前缀分配方式"，用于为 PC 终端选择 IPv6 地址分配方式。

➤ 配置"其他信息分配方式"，用于为 PC 终端选择 DNS 等其他信息的分配方式。

汇聚交换机 /OLT/ 交换机 /MxU/ 桥接型 ONT 改造方案需要确认设备软 / 硬件对

IPv6 的二层支持情况。如果要获取用户接入位置信息并满足安全要求，对于 PPPoE 接入方式，CPE 接入的 OLT 或 MxU 端口要启用 PPPoE+；对于 DHCPv6 接入方式，CPEB 接入的 OLT 或 MxU 端口要启用 DHCPv6 L2 Relay 插入 Option 18/37。如果网络中启用 IPv6 组播，汇聚交换机 /OLT/MxU 上要开启 MLD Proxy，同时 CPE（如 ONT、Modem）上的 IPTV 口要启用 MLD Snooping。

4.2.10 网络信息安全

1. 现状分析

IPv6 对于网络信息安全管理的适应主要分为两部分。

（1）IPv6 网络环境下的网络信息安全管理

IPv6 为网络协议的一种，协议本身相对于 IPv4 更加关注安全，解决了 IPv4 的部分网络信息安全问题。但其因应用场景尚未普及，导致协议本身的网络信息安全问题未完全暴露，不排除未来出现针对 IPv6 的网络信息安全问题。

目前，IPv6 对系统定级备案、风险评估等网络安全日常工作影响较小；对网站 ICP 备案，由于主管部门尚未对 IPv6 地址报备明确规范要求，因此无法开展针对 IPv6 的 IP 地址和网站 ICP 报备；IPv4 到 IPv6 存在过渡阶段，主要采用双协议栈和隧道技术，可能存在互联网信息服务既有 IPv4 地址又有 IPv6 地址的情况，对网上不良信息的处置定位和效率产生影响。

（2）网络信息安全相关管理支撑系统对 IPv6 网络的升级改造

中国电信前期建有部分基于网络流量分析的网络信息安全系统，这些系统部分已满足对 IPv6 网络流量的支持，部分须升级改造方案可适应 IPv6 网络条件。

2. 改造方案

（1）网络信息安全管理同步覆盖 IPv6

落实"三同步"，系统上线前安全验收、双新评估、定级备案、风险评估、ICP 备案、用户信息保护等要求，并密切跟踪 IPv6 自身网络信息安全风险，有针对性地开展安全防护和安全处置。

（2）稳步推进网络信息安全管理支撑系统的升级改造

梳理网络信息安全管理支撑系统，包括但不限于互联网信息安全管理系统、移动上网日志留存系统、不良信息监测系统、未备案网站发现系统、木马僵尸网络监测与处置平台、移动互联网恶意程序监测处置平台、攻击溯源系统等，明确现状与改造需求，稳步推进改造工作。

4.2.11　业务平台

1. 现状分析

业务平台基于公网的门户网站、APP 不支持 IPv6，操作系统、中间件、数据库、应用程序等不支持 IPv6。

2. 改造思路

第一阶段实现业务平台基于公网的门户网站、APP 应用系统的 IPv6 改造，保证 IPv6 网络环境下系统正常运行和提供服务；按照网络规划及网络、资源池、中间件厂商对 IPv6 部署支撑情况，逐步启动操作系统、中间件、数据库、应用程序架构改造。第二阶段完成业务平台的整体改造工作。

3. 改造方案

梳理需要进行改造的门户网站、APP 应用系统清单，对需要改造的系统进行 IP 地址规划及分配，编制系统改造方案，从业务层面做好安全评估和应急预案，完成系统互联网访问测试环境双栈改造、部署及测试；完成系统互联网访问双栈部署及上线工作。

操作系统升级工作，对系统底层操作系统进行升级，使操作系统具备 IPv4/IPv6 双栈支撑能力，并配置 IPv4 和 IPv6 地址。

中间件软件升级工作，对系统配套的中间件以及第三方软件进行升级，使其具备 IPv4/IPv6 双栈支撑能力，能同时基于 IPv4 和 IPv6 网络提供中间件服务。

数据库软件升级工作，对系统配套数据库进行升级，使其具备 IPv4/IPv6 双栈支撑能力，能同时基于 IPv4 和 IPv6 网络提供数据库服务。

应用软件升级工作，对应用软件进行功能和接口改造，使其具备 IPv4/IPv6 双栈支撑能力，能同时基于 IPv4 和 IPv6 网络提供应用服务。

配套网络设备升级工作，对系统配套网络设备的操作系统进行升级，使网络设备具备 IPv4/IPv6 双栈网络透传、转发和路由能力。

第 5 章

企业 IPv6
改造方案

在《行动计划》的重点工作中，提出中央企业网站 IPv6 改造。完成中央企业门户网站和面向公众的在线服务窗口改造，加快企业生产管理信息系统等内部网络和应用的 IPv6 改造。本章将介绍企业包括外网网站系统及生产管理信息系统的 IPv6 改造的建设思路和技术实现方式。

| 5.1 企业 IPv6 改造需求分析 |

中央企业，为"中央管理企业"的简称，在关系国家安全和国民经济命脉的主要行业和关键领域占据支配地位。此次中央企业进行 IPv6 技术改造，一方面，要在落实《行动计划》中发挥骨干和引领作用。另一方面，从企业自身信息化需求出发，IPv6 能够提供充足的网络地址和广阔的创新空间，高效支撑移动互联网、工业互联网、物联网、云计算、大数据、人工智能等新兴领域的快速发展。中央企业通过向 IPv6 演进，推动企业网络扁平化、柔性化，打通信息孤岛、数据烟囱，建立更广泛的互联互通，为企业信息化发展、数字化转型打下良好的基础。此外，中央企业普遍具有网络规模庞大、结构复杂的特点，基层子企业和分支机构容易成为网络安全攻击的突破口，通过推动 IPv6 部署应用，为解决网络安全问题提供了新平台和新契机，有助于进一步创新网络安全保障手段，增强网络安全态势感知、溯源和处置能力，提升重要网络安全的保护水平。

《行动计划》对中央企业提出的 IPv6 建设任务分为两大部分。第一个建设任务是完成门户网站和面向公众的在线服务窗口。具体实现的功能包括：个人和企业 IPv6 用户通过互联网能够访问的企业门户网站；个人和企业 IPv6 用户通过互联网能够访问的业务办理网站，例如，网上营业厅、业务办理系统（电网、航空、电信、石油石化）等，公众用户访问企业网站如图 5-1 所示。

图5-1　公众用户访问企业网站示意

第二个建设任务是加快企业生产管理信息系统等内部网络和应用的 IPv6 改造。具体实现的功能包括：面向特定 IPv6 用户，通过专网（非互联网）访问的网站或者业务系统生产管理信息系统；对企业办公自动化（OA）系统、业务管理系统、业务调度系统、生产网络等进行 IPv6 改造，企业内部系统访问示意如图 5-2 所示。

图5-2　企业内部系统访问示意

| 5.2　门户网站工作原理 |

企业的门户网站或业务办理网站，主要采用的是 HTTP、HTTPS，需要通过了解上述两种协议的工作原理和过程，以分析引入 IPv6 后对上述两种协议的影响。

5.2.1　HTTP 工作原理

超文本传输协议（Hyper Text Transfer Protocol，HTTP）的发展是万维网协会（World Wide Web Consortium）和 Internet 工作小组 IETF 合作的结果，是用于从 WWW 服务器传输超文本到本地浏览器的传送协议。它可以使浏览器更加高效，使网络传输减少。它不仅保证计算机正确快速地传输超文本文档，还能确定传输文档中的哪一部分，以及哪部分内容首先显示等。HTTP 永远都是由客户端发起请求，服务器返回响应，如图 5-3 所示。

图5-3　HTTP的请求响应模型

HTTP 的请求响应限制了使用 HTTP，无法实现在客户端没有发起请求的时候，服务器将消息推送给客户端。同时，HTTP 是一个无状态的协议，同一个客户端的本次请求和上次请求没有对应关系。

当用户通过 HTTP 上网时，有两种访问形势，一种是直接通过输入 IP 地址访问，另一种是通过输入域名访问。

1. 地址解析

该 URL 包括主协议名、主机名、对象路径等部分，对于这个地址，可以解析出协议名 http，装有页面的服务器的域名 cnpc.com.cn 及对象路径：/index.htm。通过 DNS 解析域名 cnpc.com.cn 得出主机的 IP 地址。

2. 封装HTTP请求数据包

以上部分结合主机自己的信息，封装成一个 HTTP 请求数据包。

3. 封装成TCP包，建立TCP连接（TCP的三次握手）

在 HTTP 开始工作之前，客户端（Web 浏览器）首先要通过网络与服务器建立连接，该连接是通过 TCP 来完成的，该协议与 IP 共同构建互联网，即著名的 TCP/

IP 协议族，因此互联网又被称作是 TCP/IP 网络。HTTP 是比 TCP 更高层次的应用层协议，根据规则，只有低层协议建立之后才能进行更高层协议的连接，因此，首先要建立 TCP 连接，一般 TCP 连接的端口号是 80。

4. 客户端发送请求命令

建立连接后，客户端发送一个请求给服务器，请求方式的格式为：统一资源标识符（Uniform Resource Identifier，URI）、协议版本号，后面是 MIME 信息包括请求修饰符、客户端信息和可能的内容。

5. 服务器响应

服务器接到请求后，给予相应的响应信息，其格式为一个状态行，包括信息的协议版本号、一个成功或错误的代码，后边是 MIME 信息包括服务器信息、实体信息和可能的内容。实体消息是服务器向浏览器发送头信息后，它会发送一个空白行来表示头信息的发送到此结束，接着，它就以 Content-Type 应答头信息所描述的格式发送用户所请求的实际数据。

6. 服务器关闭 TCP 连接

一般情况下，一旦 Web 服务器向浏览器发送了请求数据，它就要关闭 TCP 连接，然后如果浏览器或者服务器在其头信息加入了这行代码 Connection:keep-alive，TCP 连接在发送后将仍然保持打开状态，于是，浏览器可以继续通过相同的连接发送请求。保持连接为每个请求建立新连接节省了时间。

HTTP 请求报文由 3 部分组成，分别是请求行、消息报头、请求正文。

请求行以一个方法符号开头，以空格分开，后面是请求的 URI 和协议的版本，格式如 Method Request-URI Http-Version CRLF。其中，Method 表示请求方法，包括 GET、POST、HEAD 等；Request-URI 是一个统一资源标识符；Http-Version 表示请求的 HTTP 版本；CRLF 表示回车和换行。例如，GET 方法：以在浏览器的地址栏中输入网址的方式访问网页时，浏览器采用 GET 方法向服务器获取资源，具体表示为 Get/foRm. htmi Http/1.1（CRLF）。

消息报头是可选的，包括普通报头、请求报头、回应报头以及实体报头，这里只描述请求报头。请求报头用于客户端向服务器端传递请求的附加信息以及客户端自身的信息请求报头包括 Accepet、Authorization、Host 以及 User-Agent 报头，其中 Host 报头是必需的。Host 请求报头域主要用于指定被请求资源的互联网主机和端口号，它通常是从 Http URL 中提取出来的，例如，当在浏览器中输入 http/www.abcd.com，浏览器发送的请求消息中就会包含 Host 请求报头域，Host：www.abcd.com，此处使用缺省端口号 80，若指定了端口号，则变成 Host：www.abcd.com：指定端口号。

请求正文：HTTP 的请求和响应消息都可以传送一个实体。一个实体由实体报头域和实体正文组成，但并不是说实体报头域和实体正文要在一起发送，可以只发送实体报头域。实体报头域定义了关于实体正文和请求所标识的资源的元信息。实体正文就是返回的网页内容代码。

HTTP 响应也由 3 部分组成，分别是状态行、消息报头、响应正文。

状态行：Http-Version Status-Code Reason-Phrase CRLF，其中，Http-Version 表示服务器 HTTP 的版本；Status-Code 表示服务器返回的响应状态代码；Reason-Phrase 表示状态代码的文本描述。

消息报文由 3 位数字组成，第一个数字定义了响应的类别，且有 1××~5×× 5 种可能取值。例如，HTTP/1.1 200OK（CRLF）表示请求已被成功接收、理解、接受。

响应正文：允许服务器传递不能放在状态行中的附加响应信息，以及关于服务器的信息和对 Request-URL 所标识的资源进行下一步访问的信息。例如，Location 响应报头域用于重定向接收者到一个新的位置。Location 响应报头域常用在更换域名的时候。Server 响应报头域包含了服务器用来处理请求的软件信息，与 User-Agent 请求报头域相对应的 WWW-Authenticate 响应报头域必须被包含在 401（未授权的）响应消息中。客户端收到 401 响应消息，并发送 Authorization 报头域请求服务器对其进行验证时，服务端响应报头就包含该报头域。例如，WWW-Authenticate: Basic realm="Basic Auth Test!"，可以看出服务器对请求资源采用的是基本验证机制。

以上是用户采用输入域名来访问互联网网站的流程，如果用户在浏览器内直接输入 IP 地址，或者直接点击一个包含 IP 地址的 URL 时，流程中就不需要 DNS 进行域名解析，直接从 HTTP 浏览器向目的服务器发起 TCP 链接直到最后关闭网页。

从上述用户访问网页流程可以看到，引入 IPv6 后，用户是否能成功访问页面，和 HTTP 本身没有关系，只是与用户的浏览器对底层 IP 的调用、URL 的域名及 IP 地址有关，以及与之相关联的被访问的网站、承载网络及用户终端、操作系统支持的协议有关。在域名访问时，如果用户终端是单栈，只能发起 IPv4 或者 IPv6 的请求，被访问的网站如果也是单栈，则无法返回用户所需类型地址的情况，例如，一个纯 IPv6 用户需要访问一个 IPv4 的单栈网站，网站服务器无法返回用户所需的 IPv6 地址，导致访问失败。

如果是通过直接输入 IP 地址对网页访问，情况会更复杂一些。由于 HTTP 服务器返回给浏览器客户端的网页包含的链接以 IP 形势呈现，即使被访问的网站已经实现了双栈改造，通过此 IP 地址只能将用户引向一个单栈的网页。还是用刚刚的例子，如果一个纯 IPv6 用户无法通过输入一个 IPv4 的地址访问一个双栈的网站，但是如果 URL 采用的是域名的方式，是可以实现访问的。

5.2.2 HTTPS 工作原理

超文本传输安全协议（Hypertext Transfer Protocol over Secure Socket Layer，HTTPS）是以安全为目标的 HTTP 通道，简单讲是 HTTP 的安全版。即 HTTP 下加入 SSL，HTTPS 的安全基础是 SSL，SSL 是安全套接层，是 Netscape 公司设计的主要用于 Web 的安全传输协议。这种协议在 Web 上获得了广泛的应用。通过证书认证来确保客户端和网站服务器之间的通信数据是加密安全的。举个简单的例子，如图 5-5 所示，当用户访问百度时，在输入栏显示的是 https://www.baidu.com/，是由于百度公司用户的访问信息进行加密，有利于保护用户在百度搜索栏输入的内容不被泄露，另外从百度公司也系统地通过这种方式提高自身收集用户信息的价值，目前越来越多的主流网站都采用 HTTPS 来登录。

HTTPS 有两种基本的加解密算法类型：对称加密和非对称加密。

对称加密：密钥只有一个，加解密为同一个密码，且加解密速度快，典型的对称加密算法有 DES、AES、RC5、3DES 等；对称加密主要问题是共享密钥，除非本端计算机（客户端）知道对端计算机（服务器）的私钥密钥，否则无法对通信流进行加解密。解决这个问题的方案为非对称加密。

非对称加密：使用公共密钥和私有密钥两个密钥。私有密钥由一方密码保存（一般是服务器保存），另一方任何人都可以获得公共密钥。这种密钥成对出现（且根据公钥无法推知私钥，根据私钥也无法推知公钥），加解密使用不同密钥（公钥加密需要私钥解密），相对对称加密速度较慢，典型的非对称加密算法有 RSA、DSA 等。

HTTPS 的访问流程与 HTTP 基本相似，唯一的不同在于 SLL 借助下层协议的隧道，安全协商出一份安全密钥，并用该密钥加密 HTTP 请求。TCP 层与 Web Server 的 443 端口建立链接，传递 SSL 处理后的数据。接收端与此过程相反。SSL 在 TCP 之上建立了一个加密通道，通过这一层的数据进行了加密，以达到保密的效果。

同样，IPv6 对 HTTPS 的影响和 HTTP 一样，与协议本身无关，只需要关注用户的浏览器、URL 的域名、IP 地址、被访问的网站、访问的承载网络及用户终端、操作系统支持情况等。

| 5.3　门户网站改造技术 |

从上文分析可见，在中央企业门户网站的 IPv6 改造过程中，用户对网页的访问与 HTTP 本身无关，而是与 URL 中的域名以及 IP 地址相关。在改造的过程中，3 种 IPv6 的过渡技术都可以用于解决门户网站的改造：第一种是采用双栈的方式为 IPv6 访问用户提供被访问门户网站的 IPv6 信息源；第二种是将 IPv4 的报文翻译成 IPv6 的报文，从而为 IPv6 的访问用户提供 IPv6 的信息源；第三种是采用隧道技术，网站和用户分别安装 IPv6 隧道软件,用户应用程序以 IPv4(私有地址)与门户网站应用通信,并把 IPv4 报文封装进 IPv6 隧道,穿透网络传输实现对门户网站的访问。3 种技术在实际的使用过程中各有利弊,同时还需要综合考虑改造的周期、效果、成本等因素。

5.3.1　双栈改造方案

在门户网站的改造过程中,采用双栈技术要求涉及网站业务交互的各类应用系统、数据传输过程中的数据通信网络设备、运营支撑系统的软硬件设备同时运行 IPv4 和 IPv6 两套协议栈,能够同时处理 IPv4 和 IPv6 数据包,采用双栈化路线向 IPv6 改造的方式,门户网站和应用系统往往需要重写代码,包括网络通信套接字、API、URL、存储结构等,如图 5-4 所示。

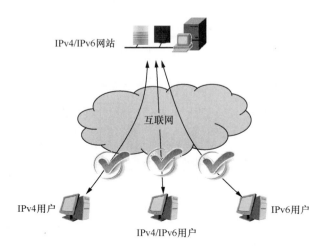

图5-4　用户访问门户网站模式示意

采用双栈的改造模式是最为彻底的一种网站 IPv6 升级改造技术,概念清晰、易于理解,单协议栈用户之间的互通效果较好,但是由于在改造的过程中涉及用户访问门户网站全程的端到端通信,用户终端、操作系统、运营商网络、硬件设备、DNS 和网页所在的业务平台及网页应用都需要进行双栈的升级改造,对建设方而言要求较高,特别是牵涉网页服务器和网络设备升级,短期看投资较大且改造周期较长。从整体上来说,这是一种一步到位的改造技术,结合投资效益等因素适合架构和业务相对简单的门户网站 IPv6 升级改造。

从端到端访问的角度看，门户网站 IPv6 升级改造大致可分为 3 部分，具体如图 5-5 所示。

DNS 服务器改造：增加 AAAA 解析记录，完成域名和 IPv6 地址的映射；DNS 域名服务器配置 IPv6 地址，接受 IPv6 DNS 请求。

网站入口改造：防火墙、负载均衡、网络设备等全部支持双栈。

网站内部改造：内部服务器、代码调用逻辑等全部改造为双栈。

图5-5　门户网站IPv6改造双栈模式示意

在中央企业改造的场景中，由于用户的终端和操作系统由访问用户自身决定，访问采用的互联网通信以及由运营商完成了相应的双栈改造工作，唯一需要建设的部分就是门户网站所在业务平台网络环境及网站代码的双栈改造；如果企业的门户网站服务器部署在公有云，由云服务提供商解决云环境的双栈改造；如果部署在企业自身的内网业务平台，需要完成内网局域网及平台服务器、数据通信设备升级替换，支持双栈的功能，以及需要对网页应用进行代码改造。具体步骤如图 5-6 所示。

（1）把网页中以 IPv4 地址直接写入的文件 URL 或链接 URL 更换成域名。

（2）把网页代码中存在无法处理 IPv6 地址的程序或函数更换成同时支持 IPv4 和 IPv6 的函数和程序。

（3）把程序中存储 IP 地址的数据空间（IPv4 为 32 位）更换为同时支持 IPv4（32 位）和 IPv6 的变量结构、数据库结构或（128 位）API。

```
//定义对端地址结构变量
struct sockaddr_in my_addr, their_addr;
...
//创建用于 TCP 通信的 socket
sockfd = socket(PF_INET, SOCK_STREAM, 0);
...
//初始化对端地址变量
my_addr.sin_family = PF_INET;
my_addr.sin_port = ...;
my_addr.sin.s_addr = inet_addr(...);
bind(sockfd, (struct sockaddr *) &my_addr, sizeof(struct sockaddr));
...
//监听
listen(sockfd, ...);
```

```
//定义对端地址结构变量
struct sockaddr_in6 my_addr, their_addr;
...
//创建用于 TCP 通信的 socket
sockfd = socket(PF_INET6, SOCK_STREAM, 0);
...
//初始化对端地址变量
my_addr.sin6_family = PF_INET6;
my_addr.sin6_port = ...;
inet_pton(AF_INET6, ..., &my_addr.sin6_addr);
bind(sockfd, (struct sockaddr *) &my_addr, sizeof(struct sockaddr_in6));
...
//监听
listen(sockfd, ...);
```

图5-6　门户网站网页改造双栈模式示意

5.3.2　协议转换改造方案

协议转换技术是在 IPv6 用户和 IPv4 网站间部署 IP 转换设备，建立 IPv6/IPv4 之间地址和端口的映射关系，以实现透明的 IPv6 和 IPv4 互访互通。采用协议转换技术进行门户网站改造对网站架构改动少、部署快捷，当然如果用户侧的网络不支持 IPv6 还是需要对用户侧的网络包括 DNS、数据通信设备进行双栈改造。通过部署协议转换器设备，可以实现 IPv6 用户直接访问 IPv4 站点，用户访问门户网站模式示意如图 5-7 所示。

图5-7　用户访问门户网站模式示意

门户网站采用协议转换的升级改造内容如下。

DNS 服务器改造：增加 AAAA 解析记录，完成域名和 IPv6 地址的映射；DNS

域名服务器配置 IPv6 地址，接受 IPv6 DNS 请求。

网站入口改造：增加协议转换（NAT 设备），或者在防护墙和负载均衡设备上配置协议转换。

网站内部改造：通过翻译改造，内部无须大调整，只须对代码调用逻辑中涉及源 IP 地址的部分进行改造。

目前对门户网站 IPv6 的改造中，典型的协议转换技术有 NAT64、SPACE6（应用层翻译）、IVI。3 种技术在国内实际应用场景中都具备相应的协议转换设备产品及案例。

1. NAT64

NAT64 是一种有状态的网络地址与协议转换技术，一般只支持通过 IPv6 网络侧用户发起连接访问 IPv4 侧网络资源。同时 NAT64 也支持通过手动配置静态映射关系，实现 IPv4 网络主动发起连接访问 IPv6 网络。NAT64 可实现 TCP、UDP、ICMP 下的 IPv6 与 IPv4 网络地址和协议转换。 NAT64 在实际使用中需要与 DNS64 配合工作，DNS64 主要是将 DNS 查询信息中的 A 记录（IPv4 地址）合成到 AAAA 记录（IPv6 地址）中，返回合成的 AAAA 记录用户给 IPv6 侧用户，NAT64 与 DNS64 的组网应用场景如图 5-8 所示。

图5-8　NAT64与DNS64的组网应用场景

DNS64 服务器与 NAT64 网关是完全独立的部分。其中，64:FF9B::/96 为 DNS64

的知名前缀，DNS64 一般默认使用此前缀进行 IPv4 地址到 IPv6 地址的合成，同时该前缀也作为 NAT64 的转换前缀，实现匹配该前缀的流量才做 NAT64 转换。一般在 DNS64 与 NAT64 中该前缀被表示为 pref64::/n，该前缀可根据实际网络部署进行配置。

当 IPv6 用户发起连接访问普通 IPv6 网站，流量将会匹配 IPv6 默认路由而直接转发至 IPv6 路由器处理。而访问的是 IPv4 单协议栈的服务器时，将经 DNS64 服务器进行前缀合成，Pref64::/n 网段的流量将被路由转发至 NAT64 网关上，从而实现 IPv6 与 IPv4 地址和协议的转换，访问 IPv4 网络中的资源。具体的报文交互流程如图 5-9 所示。

图5-9　NAT64与DNS64报文交互流程

2. SPACE6

SPACE6 是一种网络层协议转换技术和应用层协议转换技术相融合的技术，

SPACE6 协议转换技术从网络层延伸到应用层，直接修改特定应用载荷中与协议相关的内容，其他流量则在网络层直接转换。通过采用 SPACE6 协议转换技术能把单栈 IPv4 网站或单栈 IPv6 网站的内容自动发布到 IPv4 和 IPv6 两个网络平面，从而实现门户网站的双栈化升级。SPACE6 作为一种反向代理模式，部署灵活，门户网站服务器与物理位置无关，网站只需要在其授权 DNS 上增加一条相应的 AAAA 记录即可。还有 SPACE6 技术由于工作在应用层，所以从一定程度上解决网站中由于外链导致的内容缺失等问题（"天窗"问题）。SPACE6 翻译技术应用场景如图 5-10 所示。

图5-10　SPACE6协议转换技术应用场景

这里简单介绍下什么是"天窗"问题，"天窗"问题是中国发展下一代互联网升级 IPv6 网络中必然会遇到的问题。当网页包含其他网站内容的链接（外链），即使采取双栈技术路线，全面升级网络和修改程序，但被引用的其他网站未升级。IPv6 用户访问该网站时会出现响应缓慢、部分内容无法显示、部分功能无法使用等情况，该问题被称为"天窗"问题。大型网站往往互相引用，或者存在多个栏目，单方面的升级改造不可避免地存在"天窗"问题，但又不可能所有网站或栏目短时间内全部升级。

当 IPv6 单栈用户准备访问通过该平台升级的网站时，用户首先向运营商 DNS（或自行指定的 DNS）查询网站所对应的 IP 地址，IPv6 用户发出的 DNS 请求类型为 AAAA，运营商 DNS 则从网站授权 DNS 上获得相应的 AAAA 记录，并把对应的 IPv6 地址反馈给用户。该 IPv6 地址事实上就是协议转换平台给网站分配的 IPv6 地址。IPv6 用户向解析回来的 IPv6 地址发出 HTTP 请求，该请求被路由到协议转换平台上，平台把从网站同步过来的信息直接反馈给用户，从而帮助网站满足 IPv6 用户的访问需求，实现网站双栈化的目的。IPv4 单栈用户访问 IPv6 网站时，业务流程与 IPv6 单栈用户访问 IPv4 网站的流程类似。在平台同步网站信息的过程中，也会对网页中包含的所有链接所对应的网站进行同步，并将其 IPv4 地址改为 IPv6 地址推送给用户，用户客户端收到此经过协议转换的网页后，点击其中的子链接，本期操作系统发起 HTTP 请求至协议转换平台，平台把同步的子链接网站信息反馈给用户。

由于其反向代理的特性，使得基于 SPACE6 技术的协议转换设备不是必须部署在门户网站服务器端，因此部分厂家采用云计算分布处理技术，在公有云集中部署协议转换平台，为不同的门户网站用户提供协议转换服务，利用云资源的可扩展性，平台还可提供了内容分发、网络加速、流量本地化等附加功能，集中部署分布式协议转换平台工作原理如图 5-11 所示。

图5-11　集中部署分布式协议转换平台工作原理

3. IVI

IVI 方案是由 CNGI-CERNET2 的研究人员清华大学李星教授提出的 IPv4 和 IPv6 的协议转换技术。IVI 的说法灵感来源于罗马字码，IV 是 4，VI 是 6，所以 IVI 可代表 IPv4 和 IPv6 的过渡和互访。IVI 的原理如图 5-12 所示，是将 IPv4 地址嵌入到 IPv6 地址形成一个具有 specfic-prefix 的 IPv6 地址，地址的 0~31 位为 ISP 的 /32 位的 IPv6 前缀；32~39 位为 FF，表示这是一个 IVI 映射地址；40~70 位表示插入的全局 IPv4 空间的地址格式。嵌入 IPv4 的这个 IPv6 地址配置在 IPv6 网络的用户或者服务器上，此 IPv6 用户或者服务器可以直接访问 IPv6 域用户和业务，也可以通过协议转换设备访问 IPv4 域的用户和业务。同时，IPv4 网络的用户和业务可以直接访问这个内嵌的 IPv4 地址，通过协议转换设备后转换为 IPv6 报文访问到实际的用户和服务器。利用 IVI 协议转换技术解决 IPv4 和 IPv6 网络的互联互通问题，最大的优势是对目前的 IPv4 和 IPv6 均可做到端到端的全球唯一寻址，可溯源、可审计。

图5-12　IVI协议转换技术原理

IVI 技术又被称为无状态协议转换技术。简单来说，协议转换技术分为无状态协议转换技术和有状态协议转换技术。有状态协议转换技术指需要在协议转换设备中动态产生并维护 IPv4 地址和 IPv6 地址之间的映射关系。通过预先设定的算法维护 IPv4 地址和 IPv6 地址之间的映射关系，称为无状态协议转换。IVI 通过一段特殊的 IPv6 地址与 IPv4 地址进行唯一的映射，可同时支持 IPv4 和 IPv6 发起的通信。IVI 协议转换网关设备通过 IPv4 和 IPv6 的一对一映射直接找到对应的地址，从一定程度上减轻网关负担，提高算法的速度和效率，典型的部署场景如图 5-13 所示。从 IPv4 到 IPv6 的过渡，就是为了获取更多的 IP 地址，在 IPv4 地址紧张的情况下，IVI 会比其他协议转换技术需要占用更多的 IPv4 地址与 IPv6 地址进行对应，从解决地址紧张问题本身来看，这会显得矛盾。

图5-13　IVI协议转换技术部署场景

（1）IPv6 端发起的与 IVI IPv4 Server 的连接。

（2）由于 IVI6 地址格式特殊，无法使用无状态 IPv6 地址自动配置机制，因此 IPv6 主机通过静态配置或 DHCPv6 选项得到 IVI6 地址、默认网关及 DNS 服务器地址信息。

（3）IPv6 主机向 IVI DNS 进行 AAAA 查询，IVI DNS 是双栈设备，它存放了 IVI 主机的 IVI4 地址和对应的 IVI6 地址，当它收到 AAAA 查询请求后，先向目标网络发送 AAAA 查询请求，如果 AAAA 记录不存在，再发送 A 查询请求，并将得到的 A 记录按照 IVI 映射的规则将其转换为 AAAA 记录，再返回给源 IVI6 主机。

（4）该 IPv6 主机发送数据包，当到达 IVI 网关后，IPv6 数据包被 IVI 翻译器无状态地转换为 IPv4 数据包。其中，地址翻译是根据 IVI6 地址格式取出嵌入其中的 IPv4 地址，包头的翻译是根据 SIIT 算法。翻译后的 IPv4 数据包路由到 IPv4 网络中，实现 IPv6 主机对 IPv4 主机的访问。

IVI 协议转换技术交互示意如图 5-14 所示。

图5-14　IVI协议转换技术交互示意

和其他协议转换网关部署方式相同，在 IPv6 用户访问 IPv4 门户网站的场景中，IVI 协议转换设备部署在 IPv4 门户网站所在网络和 IPv6 网络边界处，通过地址映射翻译实现 IPv4 用户同时访问 IPv4 和 IPv6 门户网站，实现门户网站的 IPv6 改造，成本低、部署周期短。

5.3.3　隧道改造方案

如图 5-15 所示，隧道技术就是网站和用户分别安装 IPv6 隧道软件，用户应用程序以 IPv4（私有地址）与网站应用通信，并把 IPv4 报文封装进 IPv6 隧道，穿透网络。

图5-15　隧道技术网站改造场景

简而言之，IPv4 用户访问 IPv4 网站时，信息则直接可以互通；如果在 IPv4 用户访问 IPv6 网站的场景下，当用户给网站服务器发送信息时，隧道软件会对信息进行封装，通过隧道穿透网络，将信息传送到网站服务器之后，软件进行解封、获取信息，反之亦然。采用隧道的网站改造类似于点对点的连接。这种方式能够使来自许多信息源的网络业务在同一个基础设施中通过不同的隧道进行传输。隧道技术使用点对点通信协议代替了交换连接，通过路由网络来连接数据地址。隧道技术允许授权移动用户或已授权的用户在任何时间、任何地点访问企业网络。

通过隧道的建立可实现：将数据流强制送到特定的地址；隐藏私有的网络地址；在 IP 网上传递非 IP 数据包；提供数据安全支持。

隧道技术的优点是网站只需要新增一个 IPv6 隧道服务器，应用系统本身基本不影响，方便快速部署；缺点是需要用户安装相应的 IPv6 隧道软件，普适性和方便性都有局限性，无法解决"天窗"问题。该技术主要适用于 C/S 模型的应用环境，或者用户可安装终端的场景，但不宜大规模部署。

5.3.4　改造技术的比较

通过 5.3 节对目前主流的门户网站 IPv6 改造技术的分析，各技术特点对比如表 5-1 所示。

在过去的一年多时间内，中央企业主要采用协议转换的方式进行门户网站 IPv6 的升级改造，主要是考虑到部署周期短、成本低、易于实现，同时可以满足国资委的测评要求。总体来说，采用协议转换的方式短期内可以实现 IPv6 用户对门户网站的访问，但是多少都存在一些网络安全、溯源困难和"天窗"的问题，也并没有解决 IPv4 地址紧张的问题，从长远的网络演进及发展来看，还需结合自身门户网站及业务系统的功能升级改造，实现双栈，从根本上解决 IPv6 的用户访问问题，并有序进行后续的网络演进。

表5-1 IPv6过渡技术特点分析

技术类别	协议转换			双栈	隧道
项目	NAT64	SPACE6	IVI		
适用场景	IPv6用户访问IPv4网络	IPv6用户访问IPv4网络，反之亦然	IPv6用户访问IPv4网络，反之亦然	全场景	IPv6用户访问IPv4网络，反之亦然
DNS服务器要求	DNS64	无新增	IVI DNS	无新增	无新增
地址格式要求	无要求	无要求	特定格式	无要求	无要求
会话状态	有状态	有状态	无状态	有状态	有状态
扩展性	一般	高	一般	高	一般
安全性	需安全设备辅助	由系统能力决定，对原网站安全能力影响不大	需安全设备辅助	低	一般
性能	由系统能力决定，同量级下高于应用翻译	好	由系统能力决定，同量级下高于应用翻译	好	一般
外链问题	一般	好	一般	无外链问题	一般
部署周期	短	短	短	长	短
部署成本	新增或升级	新增或购买服务	新增	成本高	新增
运维速度	维护DNS64	低	有地址规划需求	难度大	一

5.3.5　门户网站改造的测评要求

国资委于 2018 年召开中央企业 IPv6 规模部署应用工作推进视频会议，认真贯彻落实中共中央办公厅、国务院办公厅印发的《推进互联网协议第六版（IPv6）规模部署行动计划》要求，加快推进中央企业 IPv6 部署应用工作。根据国资委关于做好互联网协议第六版（IPv6）部署应用有关工作的通知：要求各中央企业需将 IPv6 部署应用工作完成情况等报送国资委综合局。

中央企业门户网站检查流程如图 5-16 所示，各企业可参考检查方案对门户网站进行自查以确保 IPv6 改造完成并符合相关要求。

图5-16　中央企业门户网站检查流程示意

检查重点关注 3 个方面，包括网站域名 IPv6 支持度、网站首页 IPv6 可达性、页面深度 IPv6 支持度。

网站域名 IPv6 支持度检查：主要检查 www 是否支持公众 IPv6 解析、是否具备完善的 IPv6 授权体系、是否使用统一域名、其他子域名是否支持 IPv6 解析，具体的支持度检查内容见表 5-2。

表5-2 网站域名IPv6支持度检查内容

序号	支持解析的域名	是否支持公众 IPv6 解析	是否具备完善的 IPv6 授权体系	是否使用统一域名	其他子域名是否支持 IPv6 解析
1	www.spacechina.com	支持	不具备	统一域名	支持

网站首页 IPv6 可达性自测：通过多个监测点，以及各 PC IPv6 终端、手机 IPv6 终端等多种方式访问被检测门户网站，统计能够通过 IPv6 网络访问网站的成功率并记录各监测点通过 IPv6 访问网站的往返时延，具体的可达性检测内容如图 5-17 所示。

图5-17 网站首页IPv6可达性检测示意

页面深度 IPv6 支持度：主要检测门户网站首页链接的二级、三级页面深度 IPv6 可达性，以及是否可以实现二级、三级页面 IPv6 文件下载，具体的页面深度 IPv6 支持度检测内容如图 5-18 示。

序号	访问的域名	一级页面			二级页面			三级页面		
		总量	IPv6 数量	IPv6 支持度	总量	IPv6 数量	IPv6 支持度	总量	IPv6 数量	IPv6 支持度
1	www.spacechina.com	1	1	100%	60	59	98.3%	112	111	99.1%

图5-18 页面深度IPv6支持度检测示意

网站 IPv6 支持度指标如表 5-3 所示。

表5-3 网站IPv6支持度指标

级别	指标	细化指标	指标说明
级别一（基本改造）	域名 IPv6 支持度	www 是否支持公众 IPv6 解析	www 域名是否具有 AAAA 记录，公众递归服务器能够得到解析
		是否具备完善的 IPv6 授权体系	整个递归解析过程全部通过 IPv6 完成
		是否使用统一域名	支持 IPv4 的域名和 IPv6 域名为同一域名
		其他子域名是否支持 IPv6 解析	除 www 之外的二级及以上域名是否具备 AAAA 记录
	网站首页 IPv6 可达性	网站首页 IPv6 是否能够访问成果	用户能够通过 IPv6 网络访问网站，且访问成功率大于 90%
		网站首页 IPv6 访问时延	记录用户通过 IPv6 访问网站的往返时延
级别二（深度改造）	页面深度 IPv6 支持度	二级、三级页面深度 IPv6 可达性	网站二级、三级页面 IPv6 可达性，计算百分比，不低于 50%
		二级、三级页面 IPv6 文件下载	网站二级、三级页面（动态内容）是否支持 IPv6，计算百分比，不低于 50%
	业务 IPv6 支持度	网站业务 IPv6 支持占比	支持 IPv6 的业务占全部网站业务的比例，不低于 50%
级别三（完全改造）	页面和业务 IPv6 支持度	页面和业务 IPv6 支持度占比	全部页面和业务支持 IPv6，占比达 100%
	网站 IPv6 服务质量	网站面向公众用户 IPv6 服务质量	网站 IPv6 访问时延、丢包率、带宽等，评估服务质量

| 5.4 企业 IPv6 演进 |

5.4.1 中央企业 IPv6 推进现状

目前，国内中央企业已经基本完成了门户网站的 IPv6 改造，在此基础上，大型中央企业持续推进 IPv6 演进工作。根据前期统计，部分中央企业等企业主动将面向公众服务的移动 APP、微信公众号等纳入改造范围。涉及公共服务类企业，如电力、石油、旅游等也将电子商务平台纳入改造范围；同时，在全国范围内设立各级分公司，并部署有专用通信网络的国有企业也都在结合自身实际的基础上，积极制定本企业 IPv6 演进路线发展规划，明确未来 3~5 年 IPv6 改造任务和方案，试点完成下属企业改造验证，并在信息化、项目立项方案设计、设备采购等工作中明确 IPv6 等有关技术指标。

5.4.2 IPv6 演进思路及重点工作部署

对于中央企业自身的 IPv6 演进，如图 5-19 所示，建议重点关注传统业务对 IPv6 的支持、业务承载网络对 IPv6 的支持以及新业务与 IPv6 技术的融合 3 个方面。

图5-19 中央企业IPv6演进思路

1. IPv6演进思路

对于中央企业现有的业务系统，主要指那些已经常年在线运行的系统，比如OA 系统、工业自动化系统、监控安防系统等。由于此类业务系统通常建设时间长，系统软件的协议架构不支持 IPv6，部分自动化及视频采用非 IP 化的模拟控制信号，对这类系统进行双栈的改造，成本高、周期长、投资效益低，有些系统甚至原厂家都已经不存在了，无法进行改造。因此对于此类系统应保持现有的运行方式，或采用前文提到的在系统平台出口侧部署协议转换设备的方式通过最低程度地投入实现IPv6 的终端访问。

业务承载网络，主要指企业专网。专网主要指某个企业内部的通信网络，通过自行建设或利用公共资源的方式组建的电信网络，不以营利为目的。如政务专网、教育专网、铁路专网、石油专网、电力专网、广电专网、机场专网等，这些专网只为该系统服务，部分专网存在与公网的接口，可以实现专网内部用户的互联网接入以及为公网的用户提供系统内部的访问需求。专网有特定的使用目的，其主要服务对象就是为本系统的生产经营服务，与运营商有着本质的区别。专网通信技术标准化程度较高，就细节而言，不同专网在具体的通信质量、通信安全等方面有各自的侧重点，但各行业领域的通信技术的应用也有很多相通或类似之处，可以广泛应用于市政、电力、教育、石油、化工、煤炭、轨道交通、城市智能交通等不同行业，因此各行业专网的网络架构有一定的共性。

从图 5-20 中可以看出，专网的搭建是采用传统的通信网络技术及网元，主要包括光缆、传输设备、数据通信设备等，形成连接行业系统内部各节点的通信网络，以此为基础向各类生产、运营及管理信息化应用提供承载能力。所以当我们探讨对企业的专网进行 IPv6 改造时，主要关注专网组成中的 IP 数据通信网环节，有点类似运营商的城域网，由三层交换机、路由器等数据通信设备组成，还包括防火墙、负载均衡等网络安全设备。在中央企业的业务承载专网 IPv6 演进的过程中，重点对上述设备进行双栈改造，同时支持 IPv4 和 IPv6 的协议运行，支持部分老旧业务系统在 IPv4 环境中的运行，也为后续与 IPv6 技术融合的新型业务系统的建设奠定网络承载基础。

图5-20　专网组成架构示意

新建业务系统，近年来随着移动互联网的普及、两化融合及工业互联网概念的兴起，国内中央企业都在积极研发及部署新技术相关的业务系统，为生产和经营提高效率，例如，物联网感知系统、移动办公系统、车联网平台、高清视频会议系统等。对于新建的业务系统，建议在建设之初做好系统平台架构规划，需要充分考虑系统对 IPv6 的支持，尽可能部署双栈；对于部分工业控制系统，前端的感知终端设计无法支持双栈，仅支持 IPv6 的情况下，可直接将后台系统按照 IPv6 模式建设，降低平台复杂度，提高运行效率。

2. 重点工作部署

对于中央企业加快 IPv6 部署应用工作，需要重点做好以下几个方面的工作。

（1）制订发展规划。中央企业要结合自身实际，将推动 IPv6 部署应用纳入企业信息化发展战略。要充分把握推进 IPv6 部署行动计划提出的阶段性目标，着眼未来 5 ～ 10 年制订企业 IPv6 发展规划和年度的任务时间表，确保企业顺利完成下一代互联网的平滑演进升级。

（2）健全工作机制。要加强与电信运营商、云服务提供商、网站备案管理部门、中央网信办推进 IPv6 规模部署专家委秘书处等机构的沟通，建立工作协同机制，统筹推进 IPv6 改造。要及时完善企业有关管理规范，确保新采购和扩容升级的设备和应用全面支持 IPv6。关注 IPv6 技术相关人才培养，加强 IPv6 环境下新技术的研究与试点应用。

（3）强化网络安全。要把握好创新发展与安全的关系，坚持同步规划、同步建设、同步运营。加强 IPv6 网络安全防护手段建设，落实网络安全等级保护制度和 IPv6 地址备案等要求，切实增强 IPv6 环境下网络安全保障能力。

5.4.3　中央企业 IPv6 工作步骤

按照前文的建设思路，在大型中央企业推进 IPv6 的改造工作中，通常涉及的环节包括基础网络双栈改造；数据中心及重点业务系统双栈改造，支持 IPv4 和 IPv6 的访问服务；互联网区实现双栈，具备 IPv6 出口访问和对外服务能力；内网其他业务系统及终端升级改造实现双栈。

针对上述工作，在实际的项目推进过程中，建议采取以下步骤。

第一步：基础调研

（1）摸排全网设备针对 IPv6 与 IPv4 双栈的支持情况，同时梳理哪些设备可以直接支持，哪些设备需要通过升级固件或者软件支持。

（2）确认当前所有网络设备中性能占比情况（因为在启用 IPv6 与 IPv4 双栈时，一定限度地会降低设备的服务性能）。

（3）针对当前网络中不支持，或者性能不足的设备，需要由建设单位及时与各个厂家沟通升级方案或者采购新的设备。

第二步：规划与基础条件准备

（1）互联网升级与地址申请：对互联网专线进行升级支持 IPv6，并向专线电路归属当地电信公司申请 /40 位免费 IPv6 地址段。

（2）IP 地址规划：根据申请的 /40 位 IPv6 地址段进行 IP 地址规划。

（3）路由规划：根据设备支持情况对网络架构和路由协议规划。

（4）数据中心规划：数据中心双活与灾备网络和业务流规划。

（5）安全策略规划：根据业务应用情况，规划 IPv6 安全策略、IPv6 审计等。

第三步：试点

（1）收集试点业务应用相关信息。

（2）收集试点数据中心、网络的相关信息。

（3）根据相关业务和网络的信息，制订升级改造计划。

（4）试点割接测试。

第四步：全网升级改造

（1）全网基础网络设备升级双栈：对现网数据中心、接入路由器、汇聚交换设备等进行软件升级并部署 IPv6；根据网络架构设计规划部署路由策略。

（2）数据中心：根据数据中心规划部署升级双栈及 IPv6 over VXLAN 或 VXLAN over IPv6。

（3）业务系统改造：根据业务系统改造计划和难度优先进行双栈改造，对短期无法改造的业务系统通过翻译设备进行 IPv4 和 IPv6 互访。

（4）IT 管理：对 DNS 和 DHCP 进行 IPv6 改造；改造 DNS 支持 IPv6 的 AAAA 和 A6 解析，优先采用 AAAA 记录进行 DNS 解析；改造 DHCP 支持 IPv6 的地址分配和管理。

（5）终端管理：对终端操作系统进行升级支持 IPv6。

第五步：运维和安全管理

运维和安全管理：对于运维系统和安全设备及策略进行升级改造，基于 IPv6 部署对设备和网络流量进行运维管理。

5.4.4　基础网络改造方案

1. 网络双栈

建议在全网部署双栈，对同时支持 IPv4 和 IPv6 的网络设备、业务系统、终端开启双栈。涉及企业内部业务交互的各类应用系统、网络设备、终端等软硬件设备同时启用 IPv4 和 IPv6 两套协议栈，能同时处理 IPv4 和 IPv6 数据包。

在具备大型基础专网的场景下，跨区域的网络的骨干层设备上部署 ISIS 多拓扑协议和 MPBGP 提供 IPv4 和 IPv6 的路由转发；在专网内部汇聚层面部署 ISIS 多拓扑实现终端数据路由转发。

2. 数据中心业务区域改造

在企业内部设置有数据中心的场景下，可采用两种改造方案。

（1）融合改造方案

在现有设备的基础上升级改造支持双栈和翻译转换，内网业务系统逐步进行改动。如图 5-21 所示，该部分主要涉及数据中心业务区域的改造。建议通过支持 NAT 功能的负载均衡设备进行翻译转换，提高业务访问性能和业务的负载均衡，实现 IPv6 和 IPv4 的互访需求。

采用融合改造方案使难度适中，无须调整业务系统，同时安全防护层次未发生改变，满足端到端的安全性。

图5-21 中央企业数据中心融合改造示意

企业数据中心融合改造工作如表 5-4 所示。

表5-4 企业数据中心融合改造对应表

序号	改造内容	软硬件设备升级	时间及成本
1	网络层改造	1. 接入 IPv6 带宽； 2. 获得 IPv6 地址	1.IPv6 带宽； 2.IPv6 地址费
2	设备层改造	1. 路由器需要启用 IPv6 协议栈实现双栈； 2. 增加转换设备（负载均衡）和 DNS 设备，可采用双机热备，提高可靠性	1. 防火墙升级； 2. 路由器升级； 3. 负载均衡升级； 4. 安全设备升级； 5. 新部署转换设备； 6. 新部署 DNS 设备
3	业务系统	基本上无须改造	基本上无须改造
4	网站代码	基本上无须改造	基本上无须改造

（2）数据中心新建 IPv6 平面

如图 5-22 所示，通过新增 IPv6 平面方式不改造现有的 IPv4 架构，逐步改造后端业务系统；网络内部分别提供 IPv4、IPv6 接入，保持原有 IPv4 内网网络和应用不变。新增 IPv6 设备提供 IPv6 接入，包含防火墙、DNS V6 等能力，IPv6 客户端可通过该新平面实现 IPv6 业务访问，同时可访问后端 IPv6 和 IPv4 的对外业务，IPv4 的业务将逐步向 IPv6 端进行迁移。

采用新建 IPv6 平面的改造方式无须对现有 IPv4 网络和应用进行改动，有利于降低后期 IPv4 向纯 IPv6 网络过渡的难度及改造对业务产生的影响。

图5-22 中央企业数据中心新建IPv6平面示意

企业数据中心新建 IPv6 平面的改造工作如表 5-5 所示。

表5–5　企业数据中心新建IPv6平面对应表

序号	改造内容	软硬件设备升级	时间及成本
1	网络层改造	1. 接入 IPv6 带宽； 2. 获得 IPv6 地址	1.IPv6 带宽； 2.IPv6 地址费
2	设备层采购	1. 防火墙； 2. 路由器； 3. DNS 设备； 4. 安全设备； 5. 转换设备（负载均衡）； 6. 新增 IPv6 业务系统	1. 防火墙； 2. 路由器； 3. DNS 设备； 4. 安全设备； 5. 两转换设备（负载均衡）； 6. 新增 IPv6 业务系统
3	业务系统	有一部分需要改造	要逐步实现向 IPv6 改造
4	网站代码	有一部分需要改造	要逐步实现向 IPv6 改造

3. 数据中心VXLAN和IPv6

如果企业有多个数据中心，数据中心之间构建的专网骨干网上开启双栈，并启用 MPBGP 通过 VPN 在数据中心之间建立 VXLAN 隧道，传递不同数据中心之间的 VXLAN 数据，实现数据中心启用 IPv6 后的业务系统或虚拟机访问，以及容灾双活业务，具体如图 5-23 所示。

图5-23　数据中心VXLAN隧道示意

在专网骨干网上启用双栈和 VXLAN 隧道后，可支持 IPv4/IPv6 的双栈场景的数据中心之间的业务互通。对部分短期不支持 IPv6 改造的业务系统可通过 VXLAN over IPv6 实现数据中心之间的 IPv4 业务的互通，VXLAN over IPv6 实例如图 5-24 所示。

图5-24　VXLAN over IPv6实例示意

5.4.5　互联网出口改造

互联网出口建议部署 DNS 和支持 NAT 功能的负载均衡设备进行翻译转换，提高业务访问性能和业务的负载均衡，实现 IPv6 和 IPv4 的互访需求。采用这种方式可快速完成 IPv6 改造，同时对内网的设备不做任何变动，同时投入低，只需要在网络出口增加转换设备和 DNS 设备就能完成改造，互联网出口改造示意如图 5-25 所示。

图5-25　互联网出口改造示意

> 在 IPv4 网站外部，挂接 NAT64/DNS64 转换设备，原有 IPv4 源站不须修改。

> 把 DNS 域名解析 AAAA 记录指向 NAT64/DNS64 转换设备配置的 IPv6 地址。

> IPv6 用户访问目标网站，经 DNS 解析调度后转向 NAT64/DNS64 转换设备的 IPv6 地址，NAT64/DNS64 转换设备从 IPv4 源站读取数据，经过协议转换后发送数据给 IPv6 用户。

互联网出口改造工作如表 5-6 所示。

表5-6　互联出口改造对应表

序号	改造内容	软硬件设备升级	时间及成本
1	IPv6 线路	1. 接入 IPv6 带宽； 2. 获得 IPv6 地址	1. IPv6 带宽； 2. IPv6 地址费
2	网络层	NAT64/DNS64 转换设备，可采用双机热备，提高可靠性	转换设备
3	业务系统	无须改造	无须改造
4	网站代码	增加 IPv6 标识	提供 IPv6 标识

5.4.6 业务基础设施

1. XFF支持改造

考虑到 IPv6 改造后的安全防护不能低于 IPv4 的防护程度，在进行 IPv6 改造后建议保证后端的服务器能够识别 X-Forwarded-For（标准通用的）字段，IIS、Apache、nginx、tomcat 等需要设置支持 XFF。

（1）Apache 支持 XFF【Linux + Apache 场景示例】

① 打开文件：/etc/httpd/conf/httd.conf。

② 在文件中查找："CustomLog"，找到如下配置块：查看当前使用的 LogFormat 为"combined"（如果实际启用的为其他日志格式，替换相应的格式定义即可）。

```
#
# For a single logfile with access, agent, and referer
information
# (Combined Logfile Format), use the following directive:
#
CustomLog  logs/access_log combined
```

③ 在文件中查找："LogFormat"，找到如下配置块（combined 格式定义）：

```
LogFormat " %h %l %u %t/" %r/" %>s %b/" %{Referer}i/"/" %{User-
Agent}i/"" combined
```

将其修改为：

```
LogFormat " %h %l %u %t/"%r/" %>s %b/"%{Referer}i/" /
"%{User-Agent}i/"/"%{X-Forwarded-For}i/"" combined。
```

④ 保存并关闭文件 /etc/httpd/conf/httd.conf。

⑤ 重启 Apache 服务。

（2）Tomcat 支持 XFF

① 修改 tomcat 的 server.xml，如：vi /usr/local/tomcat7/conf/server.xml。

② 修改 pattern 为 pattern='%{X-Forwarded-For}i %h %l %u %t "%r" %s %b'，则会记录头中的 X-Forwarded-For 信息。

```
Note: The pattern used is equivalent to using pattern="common" -->
<Valve className="org.apache.catalina.valves.AccessLogValve" directory="logs"
    prefix="localhost_access_log." suffix=".txt"
    pattern='%{X-Forwarded-For}i %h %l %u %t "%r" %s %b' />
```

③ 然后重启 tomcat 即可。

2. DNS改造

升级原有 DNS 服务软件以便支持 IPv6 的 4A 记录解析；根据本期项目业务系统升级改造情况，增加对应 4A 记录，提供网内和网外 IPv6 的域名解析服务。在 DNS 改造过程中需要注意的事项如下。

（1）IPv6 协议传输和 AAAA DNS 记录没有关系，即 IPv6 的 DNS 服务器可以返回域名的 A 记录，反之亦然。

（2）AAAA 记录指向的地址不要使用链路本地地址，也不要使用节点的临时地址，而应使用固定的全局或本地唯一的地址。

（3）同一个域名的 AAAA 记录的 TTL 与 A 记录应保持一致。

（4）如果域名仅支持 IPv4，一定要为域名配置 SOA 记录。

DNS 改造功能要求如表 5-7 所示。

表5–7　DNS改造功能示意表

功能	特性
健康检查	采用智能 DNS 解析对比普通 DNS 解析，可以动态返回解析记录，并针对内网服务器进行健康检查，保证服务的高可用性
动态反馈	对于单个域名存在多个服务器提供服务的情况，普通 DNS 服务器只能返回多个域名记录，要求应用客户端从多个记录中选择合适的地址进行连接，如果其中某个地址服务不可用，应用客户端切换到其他地址就会延长。通过智能 DNS 解析可以根据服务器的可用性动态返回地址，简化应用地址选择的难度并通过设置较小的 TTL 带来更高的可用性
与运维系统对接	通过 RESTful API 和命令行便将域名记录管理与现有的 IPAM 系统对接，在分配 IP 地址的同时自动完成域名记录的添加

5.4.7　终端 IPv6 访问分析

终端访问 IPv6 主要包括地址获取方式和 DNS 解析两个部分。在全网部署 IPv6 时需要考虑计算机、手机等设备地址获取方式（包括 DHCP、SLAAC），根据支持情况和业务访问的形式采用相应的地址分配方案；同理考虑 DNS 解析方案。

通过对终端 IPv6 分析。

微软系列的 OS 优先使用 DNSv6，优先查询 A 记录（除 XP）；苹果系列 OS 优先使用 DNSv4，优先查询 AAAA 记录。

全部 OS 优先使用 IPv6（AAAA 记录）上网。

当 IPv6 不可达时：微软 IE 回退较慢，最长达 70 s，用户体验差；苹果浏览器能够快速回退。

MAC/WIN/iOS 支持 SLAAC 和 DHCPv6；部分安卓版本和设备对 DHCPv6 支持不足。详细分析如表 5-8 所示。

表5-8　操作系统IPv6支持调研表

终端 OS	DNS 查询的行为		查到两个记录时，上网通道选择	IPv6 不可达处理（直接影响用户体验）
	查询通道	A/4A 查询顺序		
WinXP	只支持 IPv4	4A → A	优先 IPv6	IE8 约 20 s 慢速回退至 IPv4
Win7	优先 IPv6	A → 4A	优先 IPv6	IE9 约 20 s 慢速回退至 IPv4
Win8	优先 IPv6	A → 4A	优先 IPv6	（IE10）70 s 仍未回退至 IPv4
				（Metro 版 Chrome）20 s 仍未访问到 IPv4
Win10	优先 IPv6	A → 4A	优先 IPv6	—
Mac OS X	优先 IPv4	同时	IPv6 → IPv4（同时）	Safari 快速访问到 A
				Firefox 略慢但成功访问 A
iOS	优先 IPv4	4A → A	优先 IPv6	快速访问到 A
Android	只支持 IPv4	4A → A	优先 IPv6	自带浏览器能访问到 A，UC/百度浏览器可访问但较慢，QQ 浏览器不能访问

5.4.8　系统代码与开发

对于业务系统进行双栈部署时需要将程序或者网页代码中存在无法处理的 IPv6 地址函数更换成同时支持 IPv4 和 IPv6 的函数。同时将程序或者脚本中存储 IP 地址的数据空间（IPv4 为 32 位）更换为同时支持 IPv4（32 位）和 IPv6 的变量结构、数据库结构（128 位）或 API。对于网站的代码改造在前文已经介绍了，这里不再进行描述。

5.4.9　业务访问逻辑

由于地址设计原因，IPv6 网络无法实现平滑过渡，IPv4 网络无法访问到 IPv6 网络，所以为了向 IPv6 网络逐步演进，出现了多种过渡技术，本次方案采用非双栈和协议转换技术实现不同场景的业务需求。

IPv4 与 IPv6 互访环境下业务访问逻辑如下。

（1）用户 IPv6 请求 DNS 解析。

（2）DNS 服务器返回公司业务系统 IPv6 地址。

（3）用户访问公司业务系统 IPv6 地址。

（4）出口负载均衡设备将用户访问请求对应到未能改造的业务系统 IPv4 地址。

（5）业务负载均衡将对应的请求转发到 Web 服务器，建立 TCP 连接。

（6）前端服务器使用 IPv4 地址与后端数据库服务器交互，前端服务器通过强逻辑隔离装置与内网服务器交互。

（7）实现前端服务器与用户之间的数据交互。

5.4.10　路由支持

1. IGP路由选择

目前支持 IPv6 的 IGP 路由协议主要为 OSPFV3 和 ISIS（Intermediate System to Intermediate System）协议，考虑到 ISIS 协议的稳健性和收敛速度在中央企业 IPv6 演进中建议部署 ISIS 多拓扑为 IGP 支持 IPv6。

ISIS 最初是为 OSI 网络设计的一种基于链路状态算法的动态路由协议。ISIS 属于内部网关协议（Interior Gateway Protocol，IGP）用于自治系统内部。ISIS 也是一种链路状态协议，使用最短路径优先（Shortest Path First，SPF）算法进行路由计算。之后为了提供对 IPv4 的路由支持，扩展应用到 IPv4 网络，称为集成化 ISIS。随着

IPv6 网络的建设，同样需要动态路由协议为 IPv6 报文的转发提供准确有效的路由信息。ISIS 路由协议结合自身具有良好的、扩展性的特点，实现了对 IPv6 网络层协议的支持，可以发现和生成 IPv6 路由。为了支持在 IPv6 环境中运行，指导 IPv6 报文的转发，ISISv6 通过对 ISIS 进行简单的扩展使得其能够处理 IPv6 的路由信息。

2. BGP与IPv6

BGP-4 是一种用于不同自治系统之间的动态路由协议，只能管理 IPv4 的路由信息。为了提供对多种网络层协议的支持，IETF 对 BGP-4 进行了扩展，其中对于 IPv6 的支持就形成了 IPv6 BGP。IPv6 BGP 是利用 BGP 的多协议扩展属性，达到在 IPv6 网络中应用的目的，BGP-4 原有的消息机制和路由机制并没有改变。

在中央企业 IPv6 演进技术改造过程中建议采用 6PE 技术实现 IPv6 改造的平滑升级过渡。6PE 是一种过渡技术，能利用 IPv6 IBGP 将 IPv6 路由信息打上 MPLS 标签发布到 IPv4/MPLS 骨干网中，并通过 PE 之间的 LSP 实现 IPv6 之间的互通。借助 6PE 技术，只需要在与 IPv6 网络连接的 PE 设备上实现 IPv4/IPv6 双协议栈，并进行相应的配置，就可利用自己原有的 IPv4/MPLS 网络与改造的纯 IPv6 业务提供接入和互通。

3. BGP与VXLAN

通过 BGP 实现数据中心互联，这是不同数据中心 VM 之间互相通信的一种解决方案，使用 VXLAN、BGP EVPN 等技术，使数据中心发送过来的报文能够在网络上安全可靠地传输，它不仅可以实现不同数据中心同一 VLAN 之间和 VM 之间的互相通信，也可以实现不同 VLAN 之间和 VM 之间的互相通信。前文提到在多数据中心的场景下，可考虑在骨干网上部署 BGP EVPN 实现各数据中心之间的 VXLAN 业务互通。

其中，EVPN（Ethernet Virtual Private Network）是一种用于二层网络互联的 VPN 技术。EVPN 技术采用类似于 BGP/MPLS IP VPN 的机制，在 BGP 的基础上定义了一种新的网络层可达信息（Network Layer Reachability Information，NLRI），即 EVPN NLRI。EVPN NLRI 定义了几种新的 BGP EVPN 路由类型，用于处在二层网络的不

同站点之间的 MAC 地址学习和发布。原有的 VXLAN 实现方案没有控制平面，是通过数据平面的泛洪流量进行 VTEP 发现和主机信息（包括 IP 地址、MAC 地址、VNI、网关 VTEP IP 地址）学习的，这种方式导致数据中心网络存在很多泛洪流量。为了解决这一问题，如图 5-26 所示，VXLAN 引入了 EVPN 作为控制平面，通过在 VTEP 之间交换 BGP EVPN 路由实现 VTEP 的自动发现、主机信息相互通告等特性，从而避免了不必要的数据流量泛洪。EVPN 通过扩展 BGP 新定义了几种 BGP EVPN 路由，这些 BGP EVPN 路由可以用于传递 VTEP 地址和主机信息，因此 EVPN 应用于 VXLAN 网络中，可以使 VTEP 发现和主机信息学习从数据平面转移到控制平面。

图5-26　多数据中心 BGP EVPN 示意

4. IPv6 与 VXLAN

IPv6 over VXLAN 是指 VXLAN 的 Overlay 网络是 IPv6 网络，如图 5-27 所示，在 VXLAN 隧道上承载 IPv6 报文，通过 VXLAN 网关实现 IPv6 的终端租户的互通。通过 IPv6 over VXLAN 能够为终端租户提供 IPv6 地址实现 IPv6 改造。在中央企业 IPv6 技术演进过程中，根据实际的设备支持情况和业务改造计划，采用 IPv6 over VXLAN 或者 VXLAN over IPv6。

图5-27　IPv6 over VXLAN示意

5.4.11　IPv6 地址规划

IPv6 地址总长度为 128 bit，通常分为 8 组，每组为 4 个十六进制数，每组十六进制数间用冒号分隔。例如，FC00:0000:130F:0000:0000:09C0:876A:130B，这是 IPv6 地址的首选格式。若地址中包含连续两个或多个均为 0 的组，可以用双冒号"::"来代替，所以上述地址又可以进一步简写为：FC::130F::9C0:876A:130B。一个 IPv6 地址可以分为如下两部分。

网络前缀：n bit，相当于 IPv4 地址中的网络 ID。

接口标识：$(128-n)$ bit，相当于 IPv4 地址中的主机 ID。

对于 IPv6 单播地址来说，如果地址的前三位不是 000，则接口标识必须为 64 位；如果地址的前三位是 000，则没有此限制。接口标识可通过 3 种方法生成：手动配置、系统通过软件自动生成或 IEEE EUI-64 规范自动生成。其中，IEEE EUI-64 规范自动生成最为常用。

1. 地址规划—网络位置标识

在进行 IPv6 地址规划和分配时，主要是进行网络前缀的规划，根据申请的地址前缀长度和网络范围进行合理的前缀标识规划和预留。对于 IPv6 地址规划建议根据国家对地址安全的要求，在前缀规划中考虑位置标识，主要用来区分对应的网络地址段归属的物理位置区域（见表 5-9）。一般运营商为满足国家对 IPv6 地址安全的要求，在前缀规划中根据要求以县为最小单位进行区域位置标识分配，对于大型企事业单位建议参考相关安全要求。

表5-9　地址规划—网络位置标识

0	1	10	11	100	101	110	111
××市中心区域	二级子公司区域	A 区	B 区	C 区	预留	预留	预留

2. 网络类型和业务类型

在 IPv6 规划中分配 3~6 位用于网络类型或业务类型的标识，例如，规定网络类型地址如办公接入网地址、业务系统地址、网络管理地址、设备互联地址等（见表 5-10）。

表5-10　网络类型和业务类型

0	1	10	11	100	101	110	111
办公接入	办公接入	预留	业务系统	业务系统	预留	网络管理	设备互联

如上述示例在网络类型第 1、2 比特位为 0 时，即为办公终端接入地址。

第 6 章

06

政府部门 IPv6
改造方案

《推进互联网协议第六版（IPv6）规模部署行动计划》对政府部门提出的要求如下。

（1）政府引导、企业主导。加强政府的统筹协调、政策扶持和应用引领，优化发展环境，充分发挥企业在 IPv6 发展中的主体地位作用，激发市场需求和企业发展的内生动力。

（2）注重实效、惠及民生。贯彻以人民为中心的发展思想，紧紧围绕人民群众的期待和需求，不断提升网络服务水平，丰富信息服务内容，让亿万人民共享互联网发展成果。

在阶段性任务书中，明确了第一阶段实现省部级以上政府网站 IPv6 改造；初步完成国家电子政务外网改造，以及中央部委、省级政府门户网站改造。新建电子政务系统、信息化系统及服务平台全面支持 IPv6。在第二阶段的工作中完成市地级以上政府网站 IPv6 改造；继续推进电子政务系统升级改造，全面完成电子政务外网升级，完成市地级以上政府门户网站升级改造，以及政治、金融、医疗等领域公共管理、民生公益等服务平台改造。

| 6.1 省市级门户网站改造 |

6.1.1 省市级门户集约建设思路

2017 年 5 月，国务院办公厅印发《政府网站发展指引》，提出要通过统一标准体系、统一技术平台、统一安全防护、统一运维监管，集中管理信息数据，集中提供内容服务，最大程度共享基础设施资源，实现政府网站的 5 个统一（管理、运维、部署、监控和备份），并实现各级部门网站信息资源的集中管理，有效促进各单位政务信息资源的共享共用，可以为公众提供更便捷的政务服务。

总体来说，网站集约化建设就是要将政府及各部门、各辖区的网站集中融合、统一管理，强化数据资源整合，建立信息一体化支撑体系，便捷群众，避免重复投资。

通过建设区域内统一的政府网站平台，实现对内外信息服务的标准规范化，将政府网站打造成高效、精准、便捷的政府信息发布、办事交流和公共服务平台。在政府网站集约化平台的建设过程中，将充分融合人工智能、云计算、大数据、移动互联网、新媒体等新技术，在顶层设计的基础上，统一规划、系统设计，面向多种服务对象、整合多种内容来源、提供多种访问渠道、支撑多层级多部门、保证高度信息安全的政府门户网站集群平台，具备设施集约、资源集聚、内容集合、服务集成、管理集中、推广集群的特点。

通过对政府网站的集约化建设，有利于统一标准体系、统一技术平台及统一运维管理。

统一标准体系：完善政府网站集群管理办法、制度措施和标准规范，按照统一标准，规范化政府网站建设，全面提升政府网站服务能力，让企业和群众更方便、更快捷、更高效地获取政府服务。

统一技术平台：充分利用云计算、容器技术、大数据等相关技术，集约化平台能够根据系统性能、用户访问并发、资源存储等阈值压力进行应用节点的自动弹性伸缩，更好地满足本地区、本部门、本系统政府网站的建设需求。集约化平台应能提供内容管理、栏目管理、资源管理、权限管理、内容发布、评价监督、统计分析、运维监控、内容安全防护等内容。同时，要具备与已有数据交换平台、各委办局政务服务系统等应用对接融合的灵活性和扩展性。使各单位根据自身需求，按照统一技术标准在平台进行网站建设和管理，也能支持个性化功能扩展。

统一运维管理：政府网站集约化平台统一运维服务体系，使运维管理从传统被动式服务转变为主动预防服务，实现集约化平台的高效运维，以及运维管理的标准化、规范化和流程化。以 IT 资源可用性监控为主线，对集约化平台统一集成的网络、存储、物理机、虚拟机、容器、数据库、应用服务及第三方接口服务等进行运行状态、资源占用的实时监测和自动预警，实现快速、准确的故障定位与高效的诊断处理，为集约化平台的稳定、高效运行提供运维保障。

基于国务院办公厅印发的《政府网站发展指引》，目前各级政府正在积极统筹政府网站平台的建设，委办厅局现有的网站系统迁移部署到政府网站平台实现统一管理、资源整合，也为政务网站 IPv6 改造提供了良好的建设基础。

6.1.2　政府网站平台 IPv6 改造方案

近年来各级政府部门根据信息系统集约建设的相关要求，政府网站平台通常部署在各级政务云平台。前文多次提到 IPv6 的改造工作是一个端到端的全程概念，如图 6-1 所示，用户访问政务网站的应用场景和用户访问企业门户网站的应用场景类似，唯一不同的是，企业的门户网站通常部署在企业内部的业务平台，而政府网站平台部署在政务云内。因此在政府网站 IPv6 技术改造工作中除了新建的政府网站平台要求双栈功能，另一个重点就是政务云的 IPv6 改造工作。

图6-1　公众用户访问政府网站示意

6.1.3　政务云 IPv6 改造

1. 基本概念

政务云指运用云计算技术，统筹利用已有的机房、计算、存储、网络、安全、应用支撑、信息资源等，发挥云计算虚拟化、高可靠性、高通用性、高可扩展性及快速、按需、弹性服务等特征，为政府行业提供基础设施、支撑软件、应用系统、信息资源、运行保障和信息安全等综合服务平台。由于结合了云计算技术的特点，政务云对政府管理和服务职能进行精简、优化、整合，并通过信息化手段在政务上实现各种业务流程办理和职能服务。政务云的统筹建设产生的意义如下。

（1）云政务集约化建设将大大节约建设成本，降低政府财政支出

建设统一的电子化政府云计算平台将极大地降低政府信息化支出。将政府各部门、各地区的电子政务基础承载资源的采购支出集中起来统一用于建设云计算平台，这样的费用会比分散建设减少许多。

（2）以 IaaS 为核心的云计算中心将为政务门户网站运营、政务信息资源开发以及政务系统应用提供有力的保障

一方面，政务门户网站用户数量的快速增长，内容的日趋多媒体化，政务信息公开包含大量的图片和视频信息，政务网站需要处理海量数据，就需要以 IaaS 应用为核心的云计算中心作为有效支撑。另一方面，随着政务信息资源开发利用的深入，数据大集中以及信息交换要求很高的计算能力。传统政务数据中心建设和运行的成本在不断上升，需要利用云计算模式来提高政府数据中心的运行效率，降低政府数据中心的建设成本。

（3）以 PaaS 为核心的云服务平台将助力"服务型政府体系"建设

电子政务各类系统的建立能够使政府工作人员及时地了解老百姓时下最关心的问题，使政府部门制定的政策法规目的性更加明确，能够提高政府的办事效率，拉近政府与百姓之间的距离，维护社会稳定。

（4）基于云计算的交换平台将实现政府部门间信息联动与政务工作协同

云计算模式的"信息集成、资源共享"特性将在电子政务信息交换平台中发挥巨大的作用，通过交换平台的应用，在政府部门之间、政府部门与社会服务部门之间建立"信息桥梁"，将各单位的电子政务系统接入到云平台之中，通过云平台内部信息驱动引擎，实现不同电子政务系统间的信息整合、交换、共享和政务工作协同，将大大地提高各级政府机关的整体工作效率。

如图 6-2 所示，政务云架构和传统的云类似，由客户端、SaaS、PaaS、IaaS 4 部分组成，并通过管理和业务支撑、开发工具进行连通。

图6-2　政务云架构示意图

由于政务云应用集中在公共服务和电子政务领域，所以目前主流的政务云平台都会划分为公共服务区和电子政务区。电子政务区是为政府部门搭建一个底层的基础架构平台，把传统的政务应用迁移到平台上，共享给各个政府部门，提高服务效率和服务能力。考虑到电子政务系统在安全方面的特殊要求，电子政务区的安全等保要求会更高。

公共服务区有时又称为互联网区，定位为由政府主导，整合公共资源，为公民和企业的直接需求提供云服务的创新型服务区。根据公共服务的行业又可对公共服务区进行细分，如医疗云、社保云、园区云等。公共服务区需要整合各种公共资源，适宜地部署到政务云中。

2. IPv6改造方案

前文提到，目前政务网络要求采用集约化的建设模式，新建的政府网站平台通常部署在政府云计算中心，对各部门网站进行统一建设、统一管理、统一运维，在降低政府网站建设成本的同时，实现部门网站与门户网站信息同步更新，统一政府网站形象，减少政府网站工作人员。随着政府门户网站访问量的快速增长、网站内容多媒体化，使网站的计算量、存储量呈现爆炸式增长，采用政务云提供的云计算的技术特性正好契合这一需求。

因此在应对政务网站 IPv6 改造的建设中，需要对政务云进行 IPv6 改造。通过在日常工作中对政务云现状的调研，对支撑部署在政务云的政府网站平台 IPv6 改造可能存在的问题和不足如下。

（1）各厅局的信息化应用以域名方式提供服务的占绝大多数，以 IP 地址 + 端口方式访问的占少数。

（2）部分云平台版本不支持 IPv6，与云平台协同进行网络配置自动下发的 SDN 控制器也不支持，网络设备和安全设备已经基本支持双栈，但在生产环境中未经过验证。

（3）主要的监控系统支持 IPv6，但因为没有实际需求，还未进行相关改造。

（4）三大电信运营商的 4G 接入网已经完成了 IPv6 改造，现已全面支持双栈，固定网络基本完成改造，全面商用还需要一段磨合期。

为满足政府网站 IPv6 改造的需求，政务云应该结合自身实际情况，选择切实可行的 IPv4 到 IPv6 的过渡方案来对应用提供 IPv6 服务能力。主要的选择还是前文多次提到的双栈、隧道和协议转换技术。

双栈技术方案：指网站和业务进行重新开发，同时支持 IPv4 和 IPv6，且能够同时满足 IPv4 和 IPv6 网络双平面的独立访问服务。

优点：逻辑清晰、互通性好。

缺点：开发周期长、产业环境不成熟、IPv6 网络安全挑战大、投资成本较大、运维挑战难度大。

隧道技术方案：指通过隧道技术升级网站和应用系统，要求网站和用户分别安装 IPv6 隧道软件，用户应用程序以 IPv4（私有地址）与网站应用通信，并把 IPv4 报文封装进 IPv6 隧道，穿透网络。

优点：沿用 IPv4 体系、部署快。

缺点：需要用户安装相应的IPv6隧道软件，普适性和方便性都有局限性，而且无法解决因外部链接不支持IPv6造成的"天窗"问题，大规模部署要求条件苛刻，需要改变用户上网习惯，用户体验感差。

协议转换技术方案：指采用IPv4/IPv6间的协议转换技术能够成功实现IPv4网络与IPv6网络之间的互访。协议转换技术主要包括网络层协议转换技术、应用层协议转换技术以及融合性协议转换技术。

优点：网站应用改造少，复用IPv4网络安全体系，技术成熟，部署快速，是业内主流的技术方案。

缺点：网站和业务协议转换不彻底，效果参差不齐。

同样通过上述3种IPv6技术方案进行多维度对比，双栈技术方案不能在短期内完成，同时IPv6网络安全体系匮乏，新开发支持IPv6网站和业务系统，因不能实现在IPv6环境下的安全防护，信息安全风险因素极大。隧道技术方案，需要所有访问网站和业务的终端安装隧道插件，且不能解决因外部链接导致的"天窗"问题及业务系统无法登录的问题，不具有实操性，再结合满足国家的考核指标和考核时间点以及IPv6改造效果排名的背景下，大多数政务云都会选择协议转换技术进行政务云的IPv6技术改造，而且协议转换技术是在现阶段中央企业的门户网站IPv6改造中作为业内选择的主流。

通过对湖北政务云的调研，在明确采用协议转换的过渡方案后，通过部署使用SPACE6协议转换设备，在满足网站和业务IPv6升级改造的快速部署实施的同时，又能在解决外链"天窗"问题上具备良好的表现，可以满足国家考核达标且IPv6改造效果与IPv4展现效果一致，用户体验感良好。

在政务云互联网出口区部署地址翻译设备，实现IPv4/IPv6的转换及通信。结合政务云互联网区实际部署架构，该设备旁挂在出口负载均衡处，互联网侧使用IPv6链路与负载均衡设备连接，实现IPv6流量导入，内部服务器侧使用IPv4链路与负载均衡设备连接，实现转译后流量转发。政务云IPv6改造网络拓扑如图6-3所示。

图6-3　政务云IPv6改造网络拓扑图

除了需要在互联网出口区新增协议转换设备之外，还需要完成运营商接入侧链路改造，实现互联网 IPv4/IPv6 双栈接入，新增 IPv6 访问入口。其中，出口交换机与 AntiDDoS 设备为二层设备，无须改造；负载均衡为三层出口网关，需要在运营商接入侧接口使能 IPv6 功能，配置 IPv4/IPv6 双栈地址。具体的实施工作如下。

➤ 向运营商申请 IPv6 链路及 IPv6 地址，提供 IPv6 接入能力。

➤ 选择协议转换设备服务商，设备选型、测试及采购。

➤ 互联网出口架构改造，出口设备使能 IPv6。

➤ 协议转换设备部署，旁挂至出口负载均衡处。

➤ 协议转换设备配置，网站应用改造。

➤ 应用 DNS 公网发布，提供 IPv6 用户访问。

改造完成后的政务云将可以提供给用户 IPv4/IPv6 双栈访问的能力。当 IPv4 用户发起访问请求时，可直接访问 IPv4 服务器对应的相关服务，访问方式及访问流量走向未做改动。当 IPv6 用户发起访问请求时，访问请求被定位至协议转换设备的 IPv6 监听端口，这个过程基于 IPv6 协议；协议转换设备得到用户访问请求后，将访问请求转发至原本 IPv4 的 Web 服务，请求 IP 为反向代理的 IPv4 地址，这个过程基于 IPv4 协议；Web 服务器接收到转发的访问请求，将响应内容反馈至协议转换设备，这个过程基于 IPv4 协议；协议转换设备通过 IPv6 地址的服务监听端口将内容返回给用户，这个过程基于 IPv6 协议，详见图 6-4。

图6-4 流量访问示意

通过部署协议转换设备，可以短期内满足政务门户网站的 IPv6 改造需求，从长远来看，随着升级改造进程的不断深入，政务云整体基础设施平台还将朝着提供 IPv4/IPv6 双栈的能力进行演进。为了实现下一阶段的 IPv6 演进，基础设施平台将逐步实现提供 IPv4/IPv6 双栈部署的功能，具体涉及网络设备、安全设备、云平台及 SDN 等软件，逐步对所有已建成设备进行升级改造，直到政务云全面兼容 IPv6，实现 IPv4 到 IPv6 的平滑演进。

| 6.2 电子政务外网 IPv6 改造 |

《推进互联网协议第六版（IPv6）规模部署行动计划》多次提到要完成电子政务外网的 IPv6 升级改造。电子政务外网由党委、人大、政府、政协、法院、检察院的办公网络或内部局域网络互联而成，主要满足各级政府部门社会管理、公众服务等面向社会服务的需要。电子政务外网被定性为非涉密网络，同政务内网物理断开，同公众网络逻辑隔离。

6.2.1 电子政务外网基本概念

电子政务外网作为政务信息高速公路，为跨部门、跨地区的网络互联互通、信息共享和业务协同提供网络支撑服务，满足各级政务部门部署面向社会管理和公共服务的各类业务应用的需要；满足各级政务部门开展跨部门、跨地区的业务应用的需要；满足各级政务部门联动解决重大社会问题和突发事件的需要；助力于服务型政府建设，充分发挥国家政务公用网络行政基础设施的作用和效能。

如图 6-5 所示，电子政务外网由广域骨干网和城域网组成，纵向分为中央、省、市、县四级。各级政务部门根据业务需要分别接入相应层级的电子政务外网。

图6-5 国家电子政务外网结构示意

各省级电子政务外网是根据自身业务要求，按照电子政务外网统一标准规范，自行建设的连接省内各单位、各市州的网络，实现与国家电子政务外网中央广域骨干网的连接，包含省级及省以下网络。省电子政务外网采用分层结构，分为省级、地市级及县区级，其网络管理层次分别为二级网络、三级网络和四级网络（一级网络为国家网络平台）。

如图 6-6 所示，省级平台由省级核心局域网、连接省级各委办厅局及其组成与直属单位构成；市州级平台由市州级核心局域网、连接市级各委办局及其组成与直属单位构成；区县级平台由区县级核心局域网、连接区县级行政管理部门及其组成与直属单位构成。省级核心局域网与市州级核心局域网连接、市州级核心局域网与区县级核心局域网连接，省级核心局域网与区县级核心局域网不直接连接。各级网络平台应建设的主要内容包括：网络基础平台、网络安全体系、网络管理体系、认证体系、用户接入体系、网络核心运行体系等。

图6-6　省级电子政务外网层级

6.2.2　电子政务外网 IPv6 演进思路及原则

由于电子政务外网通常采用分级建设的模式，因此在积极响应国家 IPv6 规模部署的战略发展背景下，各级信息中心都将在近年内完成本级电子政务外网的 IPv6 改造工作，在网络的演进过程中，综合参考运营商及企业的 IPv6 改造的经验，建议采取网络和安全先行、业务随后接入的策略，并遵循以下原则推进。

保障网络质量：IPv6 过渡应实现平滑过渡，保障现有 IPv4 业务不受影响，IPv6 业务质量不低于 IPv4 业务质量。

控制改造成本：IPv6 过渡应保护现有投资，尽量降低升级成本和网络改造量。

选择通用技术：IPv6 过渡技术应选择符合相关国内外标准的通用技术，避免采用私有标准或非开放协议。

6.2.3　电子政务外网 IPv6 演进关键步骤

电子政务外网不仅仅是路由型的承载网络，也是包含承载网、运维支撑系统、终端的一整套架构体系，因此在电子政务外网 IPv6 的改造工作中，首先要进行基于端到端的业务场景分析，并在此基础上重点关注对现网 IPv6 支持的评估、IPv6 地址规划和 IPv6 过渡技术的选择三大问题。

现网 IPv6 支持的评估：遵循 IPv6 改造的原则以及政务业务"一网"化演进需求，从网络架构、现网终端设备及周边支撑系统对 IPv6 的支撑、设备规格性能等角度综合评估现网，识别网络瓶颈，预估改造成本，是网络进行 IPv6 改造的基础工作，在端到端的业务访问过程中，调研评估的具体工作如图 6-7 所示。

图6-7　基于端到端的业务访问调研评估

IPv6 地址规划：包括对设备管理和互联地址、IPv6 业务地址和 IPv6 用户地址进行规划。

IPv6 过渡技术的选择：包括对 IPv6 接入技术、网络承载过渡技术、业务承载过渡技术和 IPv6 业务安全保障技术的选择。

6.2.4　电子政务外网 IPv6 支持的评估

如图 6-8 所示，针对电子政务外网 IPv6 改造支持的评估，需要对整个网络中所有涉及 TCP/IP L3 层以上的设备进行 IPv6 评估及改造，L2 层的设备基于需求进行评估改造。具体包括如下内容。

（1）摸排全网设备针对 IPv6 与 IPv4 双栈的支持情况，同时梳理哪些设备可以直接支持，哪些设备需要通过升级固件或者软件支持。

（2）确认当前所有网络设备中性能占比情况（因为在启用 IPv6 与 IPv4 双栈时，一定限度地会降低设备的服务性能）。

（3）针对当前网络中不支持，或者性能不足的设备，需要由建设单位及时与各个厂家沟通升级方案或者采购新的设备。

图6-8　电子政务外网各端到端访问业务场景示意

6.2.5　电子政务外网 IPv6 地址规划

各级信息中心根据接入电子政务外网的政府部门及组织机构的数量及终端用户规模制订相应的 IP 地址规划，电子政务外网的 IPv6 地址分配可参考以下原则。

（1）有效路由聚合：基于地域、网络层次化结构，有效聚合路由。

（2）按地域精管理：Region 字段和行政地域管理匹配，做到地址所见即所得，减少溯源难度。

（3）简单路由策略：根据业务类型、网络类型、区域位置字段，实现灵活多样的路由策略。

（4）精细业务划分：通过 Service 字段，实现业务精细划分，基于 IP 地址对不同业务进行大颗粒策略处理。

本阶段的工作步骤分为两步，第一步进行互联网升级与地址申请，对互联网出口线路及安全设备进行升级以支持 IPv6，并向专线电路归属当地电信公司 IPv6 地址段；第二步根据申请的 IPv6 地址段进行 IP 地址规划，详见图 6-9。

图6-9　电子政务外网IPv6地址规划实例

6.2.6　电子政务外网 IPv6 过渡技术选择

同样在电子政务外网 IPv6 改造的过程中也需要对过渡技术进行选型，由于电子政务外网是政府信息化建设的基础承载网，因此在过渡技术的应用选择中不建议采用协议转换和隧道技术，应优先完成基础网络的双栈改造，快速无缝迁移支持 IPv6，同时采用基于 6vPE 技术进行业务逻辑隔离。

从图 6-10 可以看出，完成改造后，终端和城域网具备双栈功能，为网关分配 IPv4 和 IPv6 公网地址，流量转发过程清晰，各协议栈访问各自服务。

图6-10 电子政务外网双栈改造示意

如图 6-11 所示，部分接入电子政务外网的政府部门如提出对业务进行逻辑隔离的需求，可以采用 6vPE 来建立网络中的 VPN，完成改造后，终端和城域网具备双栈功能，同样给网关分配 IPv4 和 IPv6 公网地址，PE 与 CE 之间运行支持 IPv6 的 IGP 发布路由，PE 之间配置 IPv6 路由传递的能力，基于 IPv4 的 MPLS L3VPN 网络转发流量。

图6-11 6vPE技术改造场景示意

6.2.7 电子政务外网 IPv6 改造实施方案

1. 广域网改造

在电子政务外网 IPv6 的改造过程中，要充分考虑网络的平滑演进和对现网运行业务的影响。目前电子政务外网的广域网通常使用双平面结构，在每级汇聚点都成对部署节点路由器，各级路由器之间采用口字形连接，网络架构如图 6-12 所示。

图6-12 电子政务外网架构示意

在 IPv6 改造的过程中，建议采用主备平面轮流升级的方式平滑过渡为 IPv4/IPv6 双栈承载网，在网络边缘部署 6vPE 技术并支持 IPv6 VPN 业务，改造实施方案如图 6-13 所示。

图6-13　电子政务外网改造实施方案

在广域网路由器设备完成双栈升级后，可同时为各委办局提供 IPv4 和 IPv6 的接入能力，局域网仅支持 IPv4 协议的委办局保持原接入方式不变，对于新建 IPv6 局域网的委办局接入开启双栈功能的单平面接入层路由器。

在双栈改造时，需要对广域网中 TCP/IP L3 层以上的网络设备进行路由器协议的改造。

IGP 域：维持原有 IGP 域的划分方式；维持原有 IPv4 的 AS 和 Area 划分。

Area 划分：维持原有 IPv4 的 AS 和 Area 划分。

IGP：根据用户现有网络和使用习惯，现网为 OSPF，则部署 OSPFv3；现网为 ISIS，则部署 ISISv6；COST、定时器参考原有 IPv4 的参数。

路由发布：IPv4 发布 IPv4 的路由，IPv6 的路由协议划分 IPv6 路由，路由协议的设置参考 IPv4。

电子政务外网广域网网络接入层部署 6vPE 技术承载 IPv6 VPN 业务，在前文的过渡技术中介绍过，基于 MPLS 的隧道的 6PE 是一种隧道技术，该技术允许 IPv6 孤岛的 CE 路由器穿过当前已存在的 IPv4 路由器间的通信，主要工作原理是用户的

IPv6 信息转换为带有标签的 IPv6 路由信息，并且通过 IBGP 会话扩散到 ISP 的 IPv4 骨干网中，在转发 IPv6 报文时，当流量在进入骨干网的隧道时，首先会被打上标签。6vPE 的功能部件主要包含骨干网边缘路由器（PE）、用户边缘路由器（CE）和骨干网核心路由器（P）。PE 尚存储 VPN 的虚拟路由转发表，用来处理 VPN-IPv6 路由，是 VPN 功能的主要实现者。CE 上分布着用户路由，通过一个单独的物理 / 逻辑端口连接到 PE；P 路由器是骨干设备，与传统的 MPLS VPN 中的功能一致，负责 MPLS 转发。

在电子政务外网的 IPv6 改造过程中，MPLS 不区分 IPv4 和 IPv6 重用现有的 MPLS 网络，通过 IPv4 MPLS 隧道承载 IPv6 报文。IGP 无须改变、LDP/RSVP 等 MPLS 协议无须改变、VPN 地址是 IPv6、VPN 相关参数可以参考 IPv4。L3VPN 和传统的 L3VPN 划分没有任何差别，一个子接口下支持 IPv4 和 IPv6 地址，绑定同一个 VPN 实例，PE 节点支持 6vPE 特性，IPv6 L3VPN 报文通过 MPLS 外层隧道穿越 MPLS 骨干网络 VPN 负载分担、跨域和策略控制与 IPv4 的 VPN 完全类似，电子政务外网 6vPE 示意如图 6-14 所示。

图6-14　电子政务外网6vPE示意

2. 局域网改造

如图 6-15 所示，电子政务外网局域网的 IPv6 改造可参考运营商办公局域网的改造模式，按照循序渐进的步骤，改造初期在区域范围内试点，包括云—管—端完整的一个业务流程，改造业务平台部分业务，使其支持 IPv6 方式访问，改造特定区域的接入层与汇聚层，使其支持双栈，改造网管、地址分析系统等支撑系统，使其支持双栈，在委办局网络出口部署双栈防火墙 / 路由器，使其能够通过隧道方式与其他分支互通。

后期试点范围继续扩大到委办局本节点局域网内全部终端以及大部分的业务系统，改造委办局相关及下属机构组织支持双栈网络，改造广域网接入方式，使之支持双栈，撤销原有穿越广域网的 IPv6 over IPv4 隧道。

图6-15　电子政务外网局域网IPv6改造示意

3. 业务平台

电子政务外网体系中为各委办厅局提供的基础业务平台在进行 IPv6 技术改造时，和 6.1.3 节的政务云方法类似，初期可在出口部署协议转换设备方案，快速响应部分 IPv6 用户访问系统的要求，从长远来看，逐步开展业务平台内部的双栈改造。

4. 网管等其他周边系统改造

对电子政务外网的网管及相关支撑系统进行 IPv6 技术改造，网管系统需要对网络中运行 IPv6 地址及设备进行管理，具体功能要求如下。

➢ 能够实现各种 IPv6 地址类型的识别和管理。

➢ 支持 IPv6 中 DNS 解析监控功能。

➢ 支持对 IPv6 设备和双栈设备的性能、资源、故障等数据采集能力，实现对 IPv6 设备和双栈设备的性能管理、资源管理、故障管理及分析等功能。

➢ 对于双栈设备能够进行 IPv4 及 IPv6 的关联，使得双栈设备的各种资源、性能、故障等数据能够与历史数据平滑关联。

➢ 可以通过基于 IPv4 的 SNMP 访问相关设备 IPv6 MIB，通过 IPv6 MIB 获得 IPv6 配置和流量等相关信息。

同样，电子政务外网中其他周边系统，如负载均衡、用户认证系统等都需要确认是否支撑 IPv6，否则都要进行相应的改造。

| 6.3 政务纵向专网 IPv6 技术改造 |

在政务专网中，除了各级政府集约建设的电子政务外网外，还建设有纵向专用通信网络，主要指由部门组建的用于其内部业务运行的网络，该网络自上而下，覆盖部门的部级、省级、市州级、区县级及以下组成机构，与互联网物理隔离，满足部门内部垂直管理的办公、管理、协调、监督和决策需要。政务纵向专网通常采用多级的星形网络架构，根据部、省、市、县等各级机构的设置逻辑组建。近年来，各级政府在推荐集约化建设的工作中，均提出部门自建专网与电子政务外网融合互通，要求各级各部门统一依托电子政务外网开展政务服务业务，形成政务服务"一张网"。但是结合部分行政管理部门特定的工作职能，或部分业务的紧急性、保密性需求，政务的纵向专用通信网络还存在建设的必要性，例如，公安部的全国公安专网、卫计委的健康信息专网、应急管理部的指挥信息网等。为适应政务信息化技术的飞速发展及积极响应国家 IPv6 规模部署的战略发展，上述专用通信网络 IPv6 的演进改造也都势在必行。

如图 6-16 所示，纵向专网通常采用自上而下统筹部署、分级建设的模式。本节以省级为例简要介绍几种纵向专网的建设模式和 IPv6 演进思路。

图6-16　政务纵向专网示意

6.3.1　纵向专网组网

湖北省纵向专网组网方式主要由电子政务外网、电子政务外网 VPN、Internet VPN 与专用网络 4 种方式构成。

1. 电子政务外网方式

利用电子政务外网方式组建纵向网络指利用电子政务外网平台资源来承载纵向网络。利用电子政务外网方式组建纵向网络如图 6-17 所示。

图6-17 利用电子政务外网方式组建纵向网络示意

在这种组网方式中，各级网络节点通过租用运营商专线的方式接入到本地的电子政务外网节点；IP 地址段使用电子政务外网统一规划 IP 地址。在地址资源不够用的情况下，可以使用私有地址作为纵向网的局部网络的地址。如果采用私网地址，则该纵向网的局部网络只能通过 NAT 方式访问电子政务外网或纵向网的其他部分；对于在纵向网内部提供业务服务的网络部分，必须使用电子政务外网规划 IP；网络中采用 OSPF 作为网络平台的 IGP 路由协议。

2. 电子政务外网VPN方式

利用电子政务外网 VPN 方式组建纵向网络指利用电子政务外网平台资源，通过在电子政务外网上部署 MPLS VPN 的方式来承载纵向网络。电子政务外网 VPN 方式组建纵向网络，组网方式拓扑如图 6-18 所示。

图6-18　利用电子政务外网VPN方式组建纵向网络示意

在这种组网方式中，各级网络节点通过租用运营商专线的方式接入本地的电子政务外网节点；由电子政务外网管理中心统一管理电子政务外网 VPN 资源，使用部门按照 IP 地址资源申请流程向电子政务外网管理中心申请电子政务外网 VPN 资源；IP 地址段使用电子政务外网统一规划 IP 地址，当地址资源不够用时，可以使用私有地址作为纵向网地址，如果采用私网地址，则只能局限在 VPN 内部使用；网络中采用 OSPF 作为网络平台的 IGP 路由协议。

3. Internet VPN方式

利用 Internet VPN 方式组建纵向网络指通过在 Internet 上部署 VPN 来连接各级网络。Internet VPN 方式组建纵向网络，组网方式如图 6-19 所示。

在这种组网方式中，各级网络节点只涉及城区链路租用和 Internet 出口链路租用，可以灵活使用 Internet 出口链路租用的带宽和组网方式；IP 地址段使用私有地址作为纵向网地址；采用 Internet VPN 组网方式网络拓扑结构宜为星形，通常采用 IPSec 作为 VPN 协议。网络中采用 OSPF 作为网络平台的 IGP 路由协议。

4. 专用网络方式

利用专用网络方式组建纵向网络，应分为 3 个平台级别：纵向网省级平台、纵向网市州级平台及纵向网区县级平台。各平台组成及特点如下。

（1）纵向网省级平台建设包括省级核心节点建设、省级核心网络建设以及省市长途专线网络建设。

（2）纵向网市州级平台建设包括市州级核心节点建设、市州级汇聚网络建设以及市县长途专线网络建设。

（3）纵向网区县级平台建设包括县级核心网络建设。

各级网络节点通常采用租用运营商专线电路的方式实现连接。利用专用网络方式组建纵向网络如图 6-20 所示。

图6-19　利用Internet VPN方式组建纵向网络示意

图6-20　利用专用网络方式组建纵向网络示意

在这种组网方式中，各级网络节点通过租用运营商专线的方式直连，IP 地址段使用私有地址作为纵向网地址。

6.3.2　政务纵向专网 IPv6 改造方案

1. 网络改造

上述提到的 4 种政务纵向专网组网模式中，由于近年来电子政务外网的规模建设，及对政务信息安全的需求增加，采用 Internet VPN 方式正在逐步进行改造，通过接入电子政务外网方式组建专用通信网。

在纵向专网直接接入电子政务外网和 VPN 方式接入两种模式中，IPv6 技术的改造升级除了对专网本身涉及 TCP/IP L3 层以上的设备进行双栈改造之外，还需要评估本地电子政务外网是否完成 IPv6 技术改造，可以提供支持 IPv6 节点局域网的接入或者边界路由设备已经部署 6vPE 技术。这部分的接入方式可参考 6.2.7 节电子政务外网 IPv6 改造及局域网接入部分的方案实施。接入电子政务外网的部门节点 IP 地址分配严格按照当地信息中心的电子政务外网 IP 地址规划统一分配。

采用租用运营商专线电路组建的纵向专网，运营商专线提供 MSTP、PTN 或者 OTN 等技术都不属于 TCP/IP L3 层以上的技术，无须专门进行 IPv6 技术改造，只须在全网部署双栈，对同时支持 IPv4 和 IPv6 的网络设备、业务系统、终端开启双栈。涉及部门内部业务交互的各类应用系统、云平台、网络设备、终端等软硬件设备同时启用 IPv4 和 IPv6 两套协议栈，使其同时处理 IPv4 和 IPv6 数据包。在跨地市、跨省的网络的骨干层设备上部署 ISIS 多拓扑协议和 MP-BGP 提供 IPv4 和 IPv6 的路由转发；在专网内部汇聚层面部署 ISIS 多拓扑协议实现终端数据路由转发。

2. IPv6 地址分配

在纵向专网直接接入电子政务外网和 VPN 方式接入电子政务外网两种模式中，接入电子政务外网的部门节点 IP 地址分配严格按照当地信息中心的电子政务外网 IP 地址规划统一分配。

在 IPv6 规划中，可遵循以下原则。

集约分配原则：充分利用 IPv6 地址资源，为各系统单位合理分配 IPv6 地址段，实现 IPv6 地址的有序管理。

业务分类原则：按照网络业务分类，便于地址快速识别和流量调度，提高路由可聚合性。

层级区划原则：参考国家行政区划进行层级划分，便于各级行政单位根据实际情况灵活分配 IP 地址资源，实现纵向专网 IPv6 地址的分层、分级管理。

可扩展性原则：预留部分地址资源，适当考虑未来地址扩展调整的需要。

前文基本概念中提到，IPv6 地址分为 3 个区域：固定前缀区、自定义前缀区、主机地址区，如图 6-21 所示。

图6-21　IPv6 地址区域划分示意

固定前缀区是中国互联网络信息中心（CNNIC）分配的固定地址字段，长度为 32 bit。自定义前缀区是指挥信息网内部标识各个子网的标识符，共计 32 bit。通过对自定义前缀区进行区隔划分，兼顾不同种类设备、不同行政层级单位的地址分配，实现 IPv6 地址分类和层级管理。主机地址区是用于标识指挥信息网内各种设备网络接口的标识符，共计 64 bit。末级单位应以自定义前缀区的子网地址块为最小单位对主机地址进行分配使用。

在纵向专网 IPv6 的地址分配的过程中，可采用"先申请、后使用"的原则，由最上级部门统一分配各系统单位的 IPv6 地址前缀，并为每个系统单位分配足够容量的地址块。然后各级单位统一分配，为本级以及本级以下的单位进一步分配 IPv6 地址块。各级单位最上级统一的地址管理系统中上报登记已分配的 IPv6 地址，防止重复使用。纵向专网中涉及 TCP/IP L3 层以上网络设备的互联地址和 Loopback 地址由最上级部门统一分配。

由于可以在 IPv6 地址中具有长度为 32 bit 的自定义前缀，所以可以从业务、行政部门划分等多个维度进行地址的规划。以一个省级部门为例，在一个自定义前缀区长度为 32 bit 中，4 bit 用于业务地址分类、8 bit 用于一级区域（省市级）、8 bit 用于二级区域（区县级）、12 bit 用于子网空间，用于不同种类设备、不同行政层级单位的地址分配，其字段划分如图 6-22 所示。

图6-22　自定义前缀字段划分示意

上述举例中业务地址分类字段长度为 4 bit，共有 16 种取值，可用于标识纵向专网载的业务系统或功能性网络地址，实例可详见表 6-1。

表6-1　业务地址分类字段编码表（例）

序号	地址分类	标识值	业务地址分类字段二进制编码
1	网络互联类设备地址	0	0000
2	服务器类地址	1	0001
3	用户终端类地址	2	0010
4	视频终端类地址	3	0011
5	采集传感类终端地址	4	0100
6	预留地址	5~15	0101~1111

网络互联类设备地址：标识值为 0，主要用于标识网络类设备的 IPv6 地址，包括构建网络的路由器、交换机、安全设备等。

服务器类设备地址：标识值为 1，主要用于标识承载业务运行的服务器类设备的 IPv6 地址，包括各类服务器、存储设备、嵌入式处理设备等。

用户终端类设备地址：标识值为 2，主要用于标识用户计算机终端、移动终端等设备的 IPv6 地址，包括台式计算机、笔记本电脑、便携式平板电脑、智能手机等相关设备。

视频终端类设备地址：标识值为 3，主要用于标识视频业务类相关设备的 IPv6

地址，包括视频采集设备、视频传输设备、视频存储设备、视频处理设备、视频会议终端、视频会议 MCU 等相关设备。

采集传感类终端地址：标识值为 4，主要用于标识采集传感类物联感知设备的 IPv6 地址，包括各类非视频采集类传感器设备等。

预留地址：标识值为 5~15，主要用于预留扩展。

通过上述的介绍可以看出，合理地对 IPv6 地址进行规划，便于实现 IPv6 地址的统一维护、统一管理，实时掌握全网 IPv6 地址分配的使用情况，同时也有利于关键业务路由汇聚，提高路由效率。

第 7 章

07

工业互联网及
IPv6 技术

进入 21 世纪后，美国"工业互联网"、德国"工业 4.0"、日本"工业智能化"等国家级战略、行动计划纷纷制订，互联网与传统产业深度融合并不断加快，打造出由机器、设备、集群和网络组成的庞大的物理世界，使需要连接到互联网的设备数量成倍甚至数十倍增加，以 IPv4 为核心技术的互联网面临着越来越严重的技术挑战及规模上的限制，因此加速推进工业互联网的建设、发展和应用，需要提升以 IPv6 为核心的下一代互联网等技术适配能力，以 IPv6 建设应用作为工业网络化的新动力，大幅度推动制造业提质升级，实现转型升级，以及实现数字化、网络化、智能化的制造业。在此背景下，本章将简要介绍工业互联网的基本概念及和工业互联网相关的 IPv6 技术的应用。

| 7.1 工业互联网的发展历程 |

随着新一轮科技革命和产业变革的兴起，促进互联网和先进制造业融合发展具有重要作用，加速发展工业互联网平台，已经成为主要国家抢占全球产业竞争新的制高点、重塑工业体系的共同选择。包括中国在内，韩国、印度等亚洲国家的迅速崛起，让美国、日本等国家和地区感觉到了危机，这些国家和地区不断加大力度以应对制造业的变革。

在欧洲，以德国为首的国家为了长期保持较高的竞争力，重点发展物联网技术，因此，德国政府早期就积极探索物联网领域，并在 2013 年拨出了 2 亿欧元的预算推动物联网发展。德国引以为傲的是以汽车产业为首的高科技，以此为依托，提出了"工业 4.0"的高科技战略计划，如图 7-1 所示，该战略旨在通过充分利用信息通信技术和网络空间虚拟系统—信息物理系统（Cyber-Physical System）相结合的手段，将制造业向智能化转型。在"工业 4.0"概念中，通过为生产过程的所有元素分配 IP 地址，获取实时信息，进行管理。德国希望通过推进"工业 4.0"，在工业制造中嵌入信息化元素，可根据市场需求和物流状况，灵活应对各种外部环境的变化，实现开发、制造和生产管理的最佳流程，提高生产率，减少库存，降低制造和供应链成本，并增加收入。"工业 4.0"在重点关注物联网、大数据和人工智能等关键技术的同时，在安全方面也有深厚布局，不仅可以防止恶意软件的攻击，还可以控制信息公开的范围、防止专业技能流出。

图7-1　德国"工业4.0"

在美国，类似的工作主要由罗克韦尔自动化公司、思科系统公司和泛达公司等组成的非营利性组织 ODVA（开放式设备网络供应商协会）与行业协会展开合作，以便用户可以将人员、流程、数据和物体连接到网络，提高生产力并增强竞争力，旨在使用标准以太网和互联网协议建立高安全性的通信。此外，通用电气公司把传感器搭载到飞机、火车和燃气轮机等各种工业设备上，实时发送有关每个设备的信息，通过分析上述数据，达到减少燃料消耗、及时添加消耗品、提高效率等目的，推动工业互联网发展。此外，AT&T 公司、思科公司、通用电气公司、IBM 公司和英特尔公司成立了工业互联网联盟（IIC）行业协会，目前世界上已有不止 235 家的主要公司参与其中，且参与者仍在增加。

2017 年 11 月 26 日，中共中央办公厅、国务院办公厅印发《推进互联网协议第六版（IPv6）规模部署行动计划》，要求在工业互联网等重大战略行动中加大 IPv6 推广应用力度；创新工业互联网应用，构建工业互联网 IPv6 标准体系；不断完善工业互联网 IPv6 应用、管理、安全等相关标准。2018 年 6 月 7 日，工业和信息化部印发《工业互联网发展行动计划（2018—2020 年）》和《工业互联网专项工作组 2018 年工作计划》。文件提出，要以供给侧结构性改革为主线，以全面支撑制造强国和网络强国建设为目标，着力建设先进网络基础设施，打造标识解析体系，发展工业互联网平台体系，同步提升安全保障能力，突破核心技术，促进行业应用，初步形成有力支撑先进制造业发展的工业互联网体系，筑牢实体经济和数字经济的发展基础。

工业互联网不是以一般消费者为直接对象的产品和服务，而是在设备制造过程、医疗服务、能源行业等的业务流程中，充分利用物联网技术进行创新。工业互联网通过创造新型业务和服务，对全球范围内的整体经济活动产生重大影响，为行业带来了新的秩序。工业互联网联盟也通过与不同知识、业务类型、地区经营的企业和组织进行合作，设计创新解决方案，通过项目验证解决方案的有效性和可行性。

| 7.2 工业互联网技术介绍 |

7.2.1 工业互联网架构

和传统意义上的网络不同，工业互联网是一个体系化的架构，更类似于一个云平台。工业互联网是以互联网、物联网为基础，智能机器为载体，大数据保存与处理分析为核心价值，实时采集设备的动态运行数据，并对海量的工业动态数据进行保存和处理的系统平台，主要面向制造业数字化、网络化、智能化需求，构建基于海量数据采集、汇聚、分析的服务体系，支撑制造资源泛在的连接、弹性供给、高效分配。如图 7-2 所示，工业互联网包括边缘、平台（工业 PaaS）、应用三大核心层级。本质上是在传统的云平台的基础上叠加了物联、大数据、人工智能等新兴技术，构建更精准、更高效的数据采集体系，建设包括存储、集成、访问、分析、管理功能的使能平台，用于实现工业技术、经验、知识模型化、软件化、复用化，以工业 APP 的形式为制造企业实现各类创新应用。

图7-2　工业互联网层级架构

最底层是边缘，通过大范围、深层次的数据采集，以及异构数据的协议转换与边缘处理，构建工业互联网平台的数据基础。首先通过各类通信手段接入不同设备、系统和产品，采集海量数据；然后依托协议转换技术实现多源异构数据的归一化和边缘集成；最后利用边缘计算设备实现底层数据的汇聚处理，并实现数据向云端平台的集成。

第二层是平台，基于通用 PaaS 叠加大数据处理、工业数据分析、工业微服务等创新功能，构建可扩展的开放式云操作系统；提供工业数据管理能力，将数据科学与工业机理相结合，帮助制造企业构建工业数据分析能力，实现数据价值挖掘；把技术、知识、经验等资源固化为可移植、可复用的工业微服务组件库，供开发者调用；构建应用开发环境，借助微服务组件和工业应用开发工具，帮助用户快速构建定制化的工业 APP。

第三层是应用，形成满足不同行业、不同场景的工业 SaaS 和工业 APP，实现工业互联网平台的最终价值；可以提供设计、生产、管理、服务等一系列创新性业务应用；构建良好的工业 APP 创新环境，使开发者基于平台数据及微服务功能实现应用创新。

除此之外，工业互联网平台还包括 IaaS 层，以及涵盖整个工业系统的安全防护体系，这些构成了工业互联网平台的基础支撑和重要保障。

7.2.2　工业互联网技术体系

在工业互联网中主要应用数据集成和边缘处理技术、IaaS 技术、平台使能技术、数据管理技术、应用开发和微服务技术、工业数据建模和分析技术、安全技术等技术，工业互联网关键技术体系如图 7-3 所示。

图7-3　工业互联网关键技术体系

1. 数据集成和边缘处理技术

设备接入：基于工业以太网、工业总线等工业通信协议，以太网、光纤等通用协议，4G/5G、NB-IoT 等无线协议将工业现场设备接入到平台层和边缘层。

协议解析：一方面运用协议解析、中间件技术兼容 ModBus、OPC、CAN、Profibus 等各类工业通信协议和软件通信接口，实现数据格式的转换和统一；另一方面利用 HTTP、MQTT 等方式从边缘侧将采集到的数据传输到云端，实现数据的远程接入。

边缘数据处理：基于高性能计算芯片、实时操作系统、边缘分析算法等技术支撑，在靠近设备或数据源头的网络边缘侧进行数据预处理、存储以及智能分析应用，提高操作响应灵敏度、消除网络堵塞，并与云端分析形成协同。

2. IaaS 技术

基于虚拟化、分布式存储、并行计算、负载调度等技术，实现网络、计算、存储等计算机资源的池化管理，根据需求进行弹性分配，并确保资源使用的安全与隔离，为用户提供完善的云基础设施服务。

3. 平台使能技术

资源调度：通过实时监控云端应用的业务量的动态变化，结合相应的调度算法为应用程序分配相应的底层资源，从而使云端应用可以自动适应业务量的变化。

多租户管理：通过虚拟化、数据库隔离、容器等技术实现不同租户应用和服务的隔离，保护其隐私与安全。

4. 数据管理技术

数据处理框架：借助 Hadoop、Spark、Storm 等分布式处理架构，满足海量数据的批处理和流处理计算需求。

数据预处理：运用数据冗余剔除、异常检测、归一化等方法对原始数据进行清洗，为后续存储、管理与分析提供高质量的数据来源。

数据存储与管理：通过分布式文件系统、NoSQL 数据库、关系数据库、时序数据库等不同的数据管理引擎实现海量工业数据的分区选择、存储、编目与索引等。

5. 应用开发和微服务技术

多语言与工具支持：支持 Java、Ruby 和 PHP 等多种语言编译环境，并提供 Eclipse Integration、JBossDeveloper Studio、Git 和 Jenkins 等各类开发工具，构建高效便捷的集成开发环境。

微服务架构：提供涵盖服务注册、发现、通信、调用的管理机制和运行环境，支撑基于微服务单元集成的"松耦合"应用开发和部署。

图形化编程：通过类似 LabVIEW 的图形化编程工具，简化开发流程，支持用户采用拖曳方式进行应用创建、测试与扩展等。

6. 工业数据建模和分析技术

数据分析算法：运用数学统计、机器学习及最新的人工智能算法实现面向历史数据、实时数据、时序数据的聚类、关联和预测分析。

机理建模：利用机械、电子、物理、化学等领域的专业知识，结合工业生产实践经验，基于已知工业机理构建各类模型，实现分析应用。

7. 安全技术

数据接入安全：通过工业防火墙技术、工业网闸技术、加密隧道传输技术，防止数据泄露、被侦听或篡改，保障数据在源头和传输过程中的安全。

平台安全：通过平台入侵实时检测、网络安全防御系统、恶意代码防护、网站威胁防护、网页防篡改等技术实现工业互联网平台的代码安全、应用安全、数据安全和网站安全。

访问安全：通过建立统一的访问机制，限制用户的访问权限和所能使用的计算资源和网络资源实现对云平台重要资源的访问控制和管理，防止非法访问。

在上述关键技术中，平台使能技术、工业数据建模和分析技术、数据集成和边缘处理技术、应用开发和微服务技术正快速发展，对工业互联网平台的构建和发展产生了深远影响。在平台层，PaaS 技术、新型集成技术和容器技术正加速改变信息系统的构建和组织方式。在边缘层，边缘计算技术极大地拓展了平台收集和管理数据的范围和能力。在应用层，微服务等新型开发框架驱动工业软件开发方式不断变革，而工业机理与数据科学深度融合则正在引发工业应用的创新浪潮。

7.2.3　IPv6 技术在工业互联网中的应用

1. 工业互联网IPv6改造关键点

《推进互联网协议第六版（IPv6）规模部署行动计划》多次提到要促进 IPv6 技术在工业互联网领域的应用，通过积极推进 IPv6 的规模部署，提升我国网络信息技术自主创新能力和产业高端发展水平。在《工业互联网发展行动计划（2018—2020年）》中，首次提出"初步建成适用于工业互联网高可靠、广覆盖、大带宽、可定制的企业外网络基础设施，企业外网络基本具备互联网协议第六版（IPv6）支持能力；形成重点行业企业内网络改造的典型模式"，并在重点任务中明确"实施工业互联网 IPv6 应用部署行动。组织电信企业初步完成企业外网络和网间互联互通节点的IPv6 改造，建立 IPv6 地址申请、分配、使用、备案管理体制，建设 IPv6 地址管理系统，推动落实适用于工业互联网的 IPv6 地址编码规划方案，通过支持建设测试床、开展应用示范等方式，加快工业互联网 IPv6 关键设备、软件和解决方案的研发和应用部署"。企业外网络基本能够支撑工业互联网业务对覆盖范围和服务质量的要求，IPv6 改造基本完成，实现重点行业超过 100 家企业完成企业内网络改造。

如图 7-4 所示，通过对工业互联网的概念及互联方式的分析，涉及工业互联网的IPv6 技术应用中，重点环节包括厂区网络、外部网络（运营商互联网、移动网 / 专网）、云平台及应用业务系统。外部网络包括运营商提供的互联网接入服务，大型企业自建的专用通信网络在 5.4 节都有详细的介绍。目前工业云平台的建设主要采用两种模式，一种是大型企业自建的工业云平台；另一种是由各级经信委在积极主导推动的"万企上云"社会化工业云平台，主要为中小企业提供工业互联网应用服务，因此对于工业云平台和应用业务系统的 IPv6 技术改造可以参照企业的业务基础设施和系统代码改造。社会化的工业云平台对 IPv6 协议的支持需要根据其建设的位置，通常采用公有云或者政务云（参考 6.1.3 节）的方式，公有云的建设模式中，通常公有云提供商（阿里云、华为云和腾讯云）已经完成了 IPv6 的改造，可以为平台及业务应用系统提供 IPv6 部署服务。厂区网络和传统的局域网相比在生产车间网络中会涉及更多的工业控制系统，IPv6 的技术改造更关注物联网感知领域的感知设备接入改造。总体来说，在工业互联网场景下的 IPv6 技术改造企业需要根据自身特点，同时充分考虑改造成本、改造需求、时间紧迫程度等因素，初期可采用协议转换等技术手段快速解决 IPv6 的访问和接入问题；从长远来看，建议结合信息化升级改造项目的实施，进行网络、系统等全面的双栈改造工作。

图7-4　工业互联网互联示意

　　由于工业互联网的 IPv6 改造场景在前面都有相应的介绍，接下来将简要分析在公有云和厂区网络中的 IPv6 演进。

2. 公有云的IPv6支持

　　目前主流的公有云服务提供商都可以为用户提供业务系统的部署及 IPv6 的访问，在公有云 IPv6 演进的过程中，主要完成以下 4 个层面的改造，如图 7-5 所示。

图7-5　公有云IPv6改造层面示意

从改造周期来看，互联网接入区域和 IDC 基础设施 IPv6 的改造周期最长：因为它们和第三方（运营商、设备厂商等）相互依赖，网络架构复杂，设备众多，但是经过多年的 IPv6 演进，运营商及设备厂家对 IPv6 的技术支持相对成熟，从总体上来说不会存在太多的技术问题。

从技术难度来看，互联网接入区域的公网接入网关和云 IaaS 产品的虚拟私有网络（VPC）改造难度最大。为了能够实现公有云千万级云主机的多租户能力，主流公有云普遍都采用 SDN+Overlay 技术，这就要求 SDN 在协议层面全面支持 IPv6，同时要求 Overlay 技术在封装层面中全面纳入 IPv6；由于 SDN 和 Overlay 叠加多种 IPv6 的过渡方案，技术实现难度较大。

公有云的基础设施服务（IaaS）产品改造的不同阶段，会搭配多种过渡技术实现整体公有云业务向 IPv6 的平滑演进。云上业务未向 IPv6 迁移时，首先通过协议转换技术帮助互联网的 IPv6 用户访问云上的 IPv4 主机应用；然后将云上的 VPC 和 CVM、CBS 等产品逐步支持双栈，通过双栈技术和隧道技术实现互联网 IPv6 用户和 IPv6 云主机的通信；最后当所有 IDC 和骨干网的双栈能力全部上线后，则通过双栈技术即可灵活地实现云上云下的互访互通。

对于 PaaS 和 SaaS 层的改造，在公有云的 IaaS 逐步支持 IPv6 后，对于公有云内其他采用 IaaS 产品为互联网用户提供 PaaS 和 SaaS 服务的供应商，也逐步将自己的应用方案向 IPv6 过渡。同时，随着公有云自身 PaaS 产品和 SaaS 产品的 IPv6 改造也同步进行，提供类似视频直播、大数据套件、机器学习平台、舆情分析、物联网等成熟的 IPv6 产品。

3. 工业互联网厂区网络改造

近年来，制造业企业正面临着供给侧改革的时代命题，转型升级的需求十分迫切。而传统厂区 IT 系统与工业控制系统间的通信往往存在较多障碍，具体表现如下。

（1）工业控制协议标准各异，各厂家设备难以互通。

（2）工业现场存在很多信息孤岛，网络性能亟待提高。

这些问题导致现有厂区网络无法支撑数字经济下的制造业生产运营模式。继续通过引入物联网、SDN、IPv6、PON 等技术，帮助制造业企业完成工厂网络的升级改造。

目前主流的厂区网络改造方式中，主要是将无源光网络（PON）技术用于制造领域的数据采集、监测、生产控制等场景，建设制造车间生产制造自动化和智能化的基础高速通信网络，为企业的智能化转型提供底层承载保障。在工业厂区场景中采用 PON 组网可以实现现场设备与上层实体（如服务器、SCADA 系统等）的连接，支持数据采集、生产指令下达、传感数据采集、厂区视频监控等功能。工业 PON 网络作为各种信息集成的基础通道，是智能制造纵向集成的基础，基于 PON 技术的工业网络平台将产品设计研发、制造生产、销售、物流、售后各工业化环节融合集成，最终实现企业 CRM、MES、ERP、SCM、SCADA 等系统信息的统一控制和管理。

工业 PON 处于车间级网络位置，通过工业级 ONU 设备实现光网络到设备层的连接，通过光分配网络（ODN），实现工业设备数据、生产数据等到 OLT 的汇聚，最终通过 OLT 与企业网络对接，从而实现产线数据到工厂 / 企业 IT 系统的可靠与有效传输。工业 PON 是车间级局域网络，对生产线设备（如数控机床）有线网络覆盖，同时通过对无线网络承载实现车间有线无线一体化网络覆盖。工业 PON 针对工业各类应用场景，满足工业场景下的各种工业控制总线场景要求，提供工业场景类型接口，可为工业控制、信号量监控、数据传输、语音通信、视频监控等各种业务应用提供支持。各业务流通过 PON 系统上行后，由 OLT 汇聚上联 GE/FE 接口连接到工厂级网络，实现智能制造 MES、ERP、PLM 等系统和下层物理设备的对接，从而实现工业控制、数据采集分析、视频监控等功能。

对厂区网络的 IPv6 改造，重点关注新建的 PON 系统中 OLT、ONU 设备的软件版本是否支持 IPv6 DHCP 报文等相关 IPv6 报文的透传。从运营商接入网的 IPv6 改造可以看出，从技术角度上讲，PON 体系是一个二层网络，业务报文均封装在以太网帧中在设备间进行传送。PON 设备目前主流的转发规则包括 MAC+VLAN ID 和 CVLAN+SVLAN 两种方式，因此接入网设备在大部分情况下不涉及 IP 地址类型的问题，均服务于业务透传。所以如果在厂区网络中引入三层功能以后，可能对 OLT 接入设备的 IPv6 功能及协议提出更多的需求。

4. 工业互联网传感网络的IPv6应用

在大型工业企业中，存在生产地域分散、业务分工复杂、设备数量多、生产成本高、环境恶劣等特点。企业需要对各种设备的状态进行实时监控，以便出现问题时能够及时报警与处理。现有的工业控制系统一般采用工业以太网与现场总线，这两种方式都具有布线麻烦、接线复杂、维护困难、生产成本高等缺点。因此在工业互联网场景中，将 LP-WAN 技术应用于底层网络构建。LP-WAN 成本低、覆盖广、组网灵活等特点不仅能在供应链企业间实现信息交互、网络化协同，还能很好地满足工厂内各种传感器、机器、设备之间通信的需求。

低速率无线个域网（LR-WPAN）是一种集成网络技术、嵌入式技术和传感器技术的网络，主要是为短距离、低速率、低功耗无线通信而设计的，可广泛应用于工业控制领域，基于 LR-WPAN 研发的微型传感器构成的传感器网络综合了传感器技术、嵌入式计算技术、分布式信息处理技术和通信技术，能够协作地实时监测、感知和采集网络分布区域的各种环境或监测对象的信息，并对这些信息进行处理，获得详细而准确的信息，传送到需要这些信息的用户。IETF 于 2004 年 11 月正式成立了 IPv6 over LR-WPAN（简称 6LoWPAN）工作组，着手制定基于 IPv6 的低速无线个域网标准，即 IPv6 over IEEE 802.15.4，旨在将 IPv6 引入以 IEEE 802.15.4 为底层标准的无线个域网。这推动了短距离、低速率、低功耗的无线个域网的发展。IEEE 802.15.4 是 LR-WPAN 的典型代表，其应用前景非常广阔，6LoWPAN 拓扑结构如图 7-6 所示。

图7-6　6LoWPAN拓扑结构示意

6LoWPAN 技术特点如下。

（1）普及性：IP 网络应用广泛，作为下一代互联网核心技术的 IPv6，也在加速其普及的步伐，在 LR-WPAN 网络中使用 IPv6 更易于被接受。

（2）适用性：IP 网络协议栈架构受到广泛的认可，LR-WPAN 网络完全可以基于此架构进行简单、有效的开发。

（3）更大的地址空间：IPv6 应用于 LR-WPAN 的最大亮点就是庞大的地址空间，这恰恰满足了部署大规模、高密度 LR-WPAN 网络设备的需要。

（4）支持无状态自动配置地址：IPv6 中当节点启动时，可以自动读取 MAC 地址，并根据相关规则配置好所需的IPv6 地址。这个特性对传感器网络来说，非常具有吸引力，因为在大多数情况下，不可能对传感器节点配置用户界面，节点必须具备自动配置功能。

（5）易接入：LR-WPAN 使用 IPv6 技术，更易于接入其他基于 IP 技术的网络及下一代互联网，使其可以充分利用 IP 网络的技术进行扩展。

（6）易开发：目前基于 IPv6 的许多技术已比较成熟，并被广泛接受，针对 LR-WPAN 的特性对这些技术进行适当的精简和取舍，简化了协议开发的过程。

IPv6 技术在 LR-WPAN 上的应用具有广阔的发展空间，随着在工业控制领域中部署 LR-WPAN 将大大扩展其应用，使得在工业互联网中建设大规模的传感控制网络的实现成为可能。

6LoWPAN 技术底层采用 IEEE 802.15.4 规定的 PHY 层和 MAC 层，网络层采用 IPv6 协议。在 IPv6 中，MAC 支持的载荷长度远大于 6LoWPAN 底层所能提供的载荷长度，为了实现 MAC 层与网络层的无缝链接，6LoWPAN 工作组建议在网络层和 MAC 层之间增加一个网络适配层，用来完成包头压缩、分片与重组以及网状路由转发等工作。在一个典型的运用 6LoWPAN 技术的工业控制系统中，安装一台网关设备、若干个无线通信 6LoWPAN 子节点模块。在网关设备和智能终端上都接一个无线网络收发模块（符合 6LoWPAN 技术标准的产品），通过这些无线网络收发模块，数据在网关和智能终端之间进行传送，由于 6LoWPAN 技术允许同一网络内的数据进行共享，智能终端可将采集到的信息共享至其他指定的智能终端，这就可以实现将整个系统建设成为由多个独立的智能控制单元和一个云端智能控制单元组成的智能控制系统，对于工业过程中对时效性要求高的控制过程有非常好的适用性。

参考 文献

[1] 闫建文. 互联网时代背景下的 IPv6 规模部署探析 [J]. 信息与电脑, 2018（15）.

[2] 马丹妮, 葛坚. 我国 IPv6 规模部署进展. 信息通信技术与政策, 2019（08）.

[3] 刘锦华. 全球 IPv6 推进迅速, 推进模式各有特色. 人民邮电报, 2019.07.

[4] 曾红玉. 下一代互联网 IPv6 的推广与发展. 信息与电脑, 2019.06.

[5] 谢军建. 下一代互联网过渡技术在 IP 城域网的规模部署应用. 浙江工业大学, 2015.

[6] 甄清岚. 中国 IPv6 发展状况：我国 IPv6 活跃用户数已达 1.30 亿. 通信世界全媒体, 2019.07.

[7] 林颖. 基于 IPv6 的下一代教育网过渡研究. 科技创新导报, 2014.11.

[8] 清华大学——中国电信下一代互联网联合实验室部分研发成果. 电信科学, 2013.

[9] 王瑨, 余建斌. 推进互联网协议第六版规模部署行动计划发布, 人民日报, 2017.11.

[10] 中国人民银行发布关于金融行业贯彻《推进互联网协议第六版（IPv6）规模部署行动计划》的实施意见. 金融电子化, 2019（2）.

[11] 阎晓峰. 在中央企业 IPv6 部署应用推进会议上强调中央企业要在加快 IPv6 规模部署中发挥骨干和引领作用 [J]. 铁路采购与物流, 2018.

[12] 姚娟, 闻琛阳. 门户网站 IPv6 改造的技术路线选择. 通信电源技术, 2019.02.

[13] 杜平. IPv6 的技术原理及其在现网中的应用. 中国新通信, 2019（20）.

[14] 田勇. IPv4 向 IPv6 网络演进的技术方案探讨. 金融科技时代, 2019.05.

[15] 邓忠. IPv4 向 IPv6 过渡技术探讨——双栈和 NAT44. 信息通信, 2018.03.

[16] 孙磊 . 运营商 IPv6 演进技术方案探讨 . 数字通信世界，2017.05.

[17] 张连成，郭毅 . IPv6 网络安全威胁分析 . 信息通信技术，2019.13.

[18] 李洪民 . IPv4 IPv6 共存与过渡及 IVI 方法研究 . 信息与电脑，2011(02).

[19] 刘熹，王斌，柳松 . IPv6 的过渡技术在电子政务外网的应用研究 . 信息系统工程，2015(01).

[20] 杨玲，宋烜，陈林，等 . 大型商业银行数据中心 IPv6 研究与实践 . 中国金融电脑，2020.03.

[21] 何相甫，范志辉，王辉，等 . IPv6 与 ZigBee 互联网关的设计与实现 . 计算机工程，2019，45(07).

[22] 卢旭红 . 浅谈 IPv6 对网络安全的影响及在门户网站落地实践 . 统计与管理，2019.05.

[23] 戴源，杨建，袁源 . 下一代互联网 IPv6 过渡技术与部署实例 . 人民邮电出版社，2014.01.

[24] 孙宇航 . 浅谈 "https" 的原理和作用 . 计算机产品与流通，2020.01.

[25] 陈晓静 . 政府网站集约化建设模式探讨 . 通信电源技术，2020. 03.

[26] 陈铮 . 企业级网络系统向 IPv6 协议跃迁的技术演进路径研究 . 中国高新科技，2020.02.

[27] 何立民 . 5G+IPv6 成就物联网应用大时代 . 单片机与嵌入式系统应用，2019（04）.

[28] 宋向东 . 下一代互联网浪潮来袭 IPv6 与工业互联网成宠儿 . 通信世界，2018（22）.

[29] 工业互联网发展行动计划（2018—2020 年）. 中国战略新兴产业，2018（29）.

[30] 杨国良 . 基于 IPv6 的工业互联网创新应用探讨 . 科研信息化技术与应用，2018.01.